까면서 보는
해부학 만화

이 도서는 한국출판문화산업진흥원의 '2020년 우수출판콘텐츠 제작 지원' 사업 선정작입니다.

까면서 보는 해부학 만화

초판 1쇄 발행 2024년 1월 10일
초판 23쇄 발행 2025년 11월 5일

지은이 압듈라

펴낸이 조기흠
총괄 이수동 / **책임편집** 최진 / **기획편집** 박의성, 유지윤, 이지은 / **감수** 신동선
마케팅 박태규, 임은희, 김예인, 김선영 / **제작** 박성우, 김정우
교정교열 책과이음 / **디자인** 이슬기

펴낸곳 한빛비즈(주) / **주소** 서울시 서대문구 연희로2길 76 5층
전화 02-325-5506 / **팩스** 02-326-1566
등록 2008년 1월 14일 제25100-2017-000062호

ISBN 979-11-5784-424-1 03400

이 책에 대한 의견이나 오탈자 및 잘못된 내용은 출판사 홈페이지나 아래 이메일로 알려주십시오.
파본은 구매처에서 교환하실 수 있습니다. 책값은 뒤표지에 표시되어 있습니다.

⌂ hanbitbiz.com ✉ hanbitbiz@hanbit.co.kr ❋ facebook.com/hanbitbiz
Ⓝ blog.naver.com/hanbit_biz ▶ youtube.com/한빛비즈 ⓞ instagram.com/hanbitbiz

Published by Hanbit Biz, Inc. Printed in Korea
Copyright © 2020 압듈라 & Hanbit Biz, Inc.
이 책의 저작권은 압듈라와 한빛비즈(주)에 있습니다.
저작권법에 의해 보호를 받는 저작물이므로 무단 복제 및 무단 전재를 금합니다.

지금 하지 않으면 할 수 없는 일이 있습니다.
책으로 펴내고 싶은 아이디어나 원고를 메일(hanbitbiz@hanbit.co.kr)로 보내주세요.
한빛비즈는 여러분의 소중한 경험과 지식을 기다리고 있습니다.

까면서 보는 해부학 만화

압둘라 글·그림 | 신동선 감수 교양툰

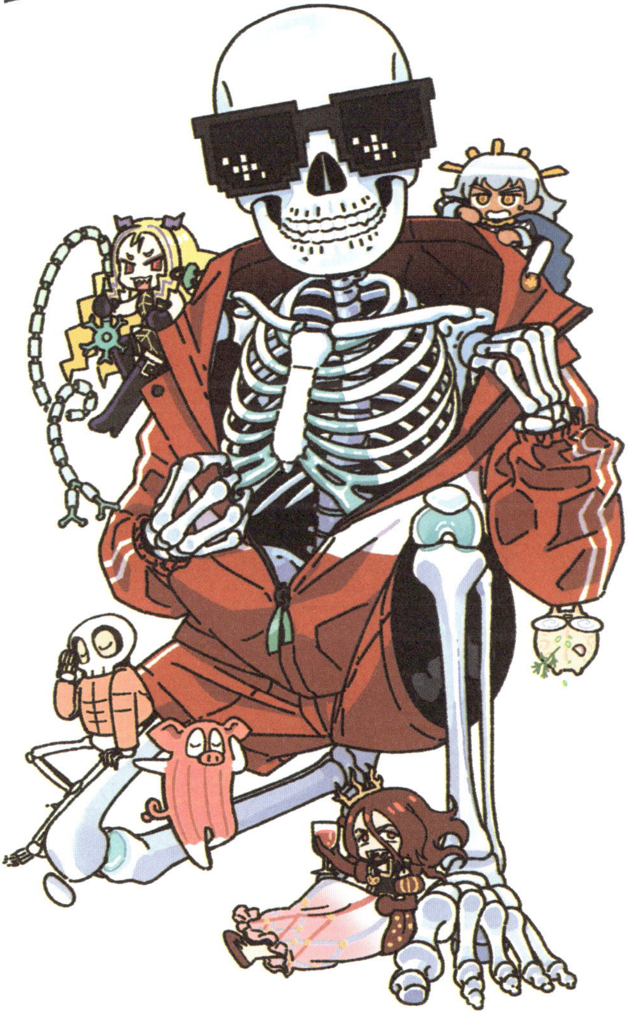

 '해부학을 좋아한다'고 말하면…

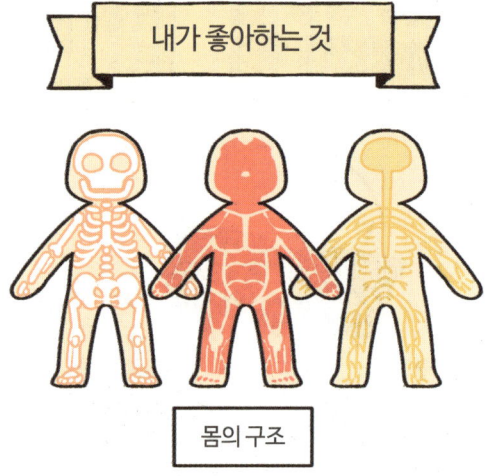

몸의 구조

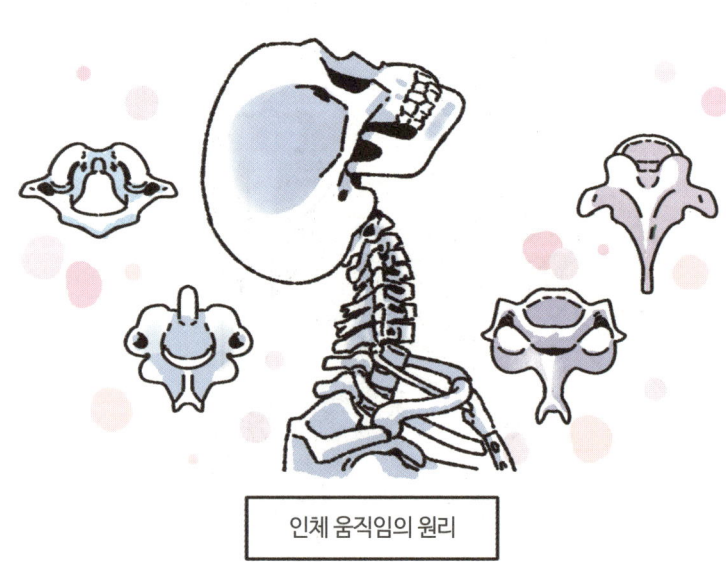

인체 움직임의 원리

사람들이 생각하는 것

한니발

너의 췌장을 먹고 싶어

장기자랑

으아악, 아니야!

생각보다 친숙하고

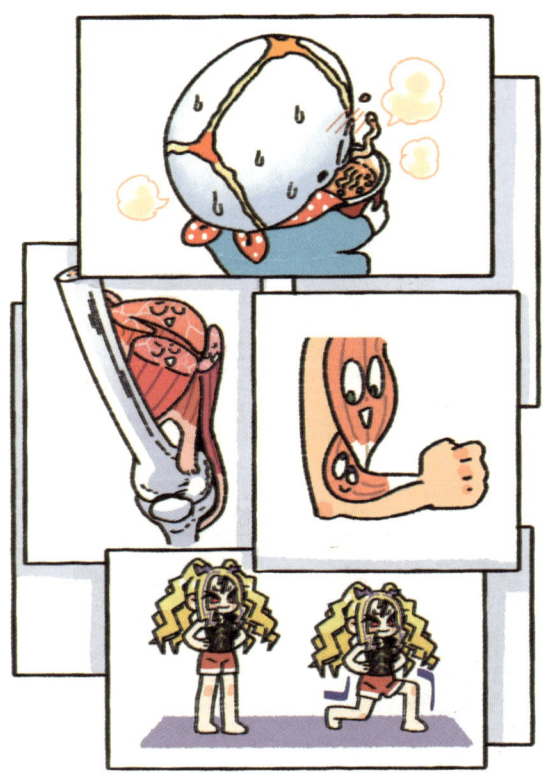

생각보다 유용한 몸 이야기.

까면서 보는
해부학 만화

시작합니다!

CONTENTS

1화	그 골격 그 근육의 사정: 뼈의 사정	015
	쉬면서 보는 해부학 칼럼 뼈가 까칠한 이유	024
2화	그 골격 그 근육의 사정: 폭풍을 부르는! 나의 근육	027
	쉬면서 보는 해부학 칼럼 주인공 근육과 적대적 근육	038
3화	킹 오브 아나토미: 해부학 역사의 아이돌	041
	쉬면서 보는 해부학 칼럼 히포크라테스 덕후는 어디에나 있고 어디에도 있다	051
4화	해부학의 역사: 엔드 오브 갈레노스	053
	쉬면서 보는 해부학 칼럼 베살리우스 《파브리카》의 이스터에그	066
5화	손이 눈보다 빠른 이유: 손	069
	쉬면서 보는 해부학 칼럼 너의 신체를 갖고 싶어	080
6화	팔을 크게 휘두르며: 어깨	083
	쉬면서 보는 해부학 칼럼 Flex하는 데 돈을 다 썼어~	094
7화	뚝배기의 악몽: 머리뼈	097
	쉬면서 보는 해부학 칼럼 내 머릿속의 공룡	106
8화	햄스트링 몇 개까지 알고 있어?: 허벅지	109
	쉬면서 보는 해부학 칼럼 큰 근육엔 큰 스트레칭이 따른다	120
9화	친절한 척추씨: 허리	123
	쉬면서 보는 해부학 칼럼 허리 통증, 의외의 복(腹)병	134
10화	팔이야: 팔	137
	쉬면서 보는 해부학 칼럼 측정 불가	149

11화	목의 형태: 목	151
	쉬면서 보는 해부학 칼럼 아틀라스의 형벌	162
12화	무릎의 기묘한 인대: 무릎	165
	쉬면서 보는 해부학 칼럼 이봐, 친구! 그거 알아?	175
13화	건망증 천재 엉덩이 탐구: 골반	177
	쉬면서 보는 해부학 칼럼 골반의 기울어짐	187
14화	직립의 달인: 등	189
	쉬면서 보는 해부학 칼럼 넓은등근이 하는 일	199
15화	발바닥의 나우시카: 발	201
	쉬면서 보는 해부학 칼럼 선천적 깔창	211
16화	십이갈비: 가슴	213
	쉬면서 보는 해부학 칼럼 여성의 가슴 구조	222
17화	척수 센스: 신경계	225
	쉬면서 보는 해부학 칼럼 자율신경계통 한눈에 보기	235
18화	심장두근 메모리얼: 순환계	237
	쉬면서 보는 해부학 칼럼 인간의 연결·고리·거리	247
19화	심장퀸 님은 교환받고 싶어: 호흡계·내분비계	249
20화	일곱 개의 대장: 소화계	261
	쉬면서 보는 해부학 칼럼 소화계를 은밀히 캐리하는 '이자'	273
21화	피해라 슈퍼 검열: 비뇨계·생식계	275
	쉬면서 보는 해부학 칼럼 소변검사라뇨?	285

에필로그	인체를 여행하는 히키코모리를 위한 안내서	289

맺음말		302
참고문헌		304

해부학은 늘 우리 주위에 있다.

병원에 가거나 운동을 할 때 주로 접하지만
고깃집에서도 쉽게 볼 수 있는데···

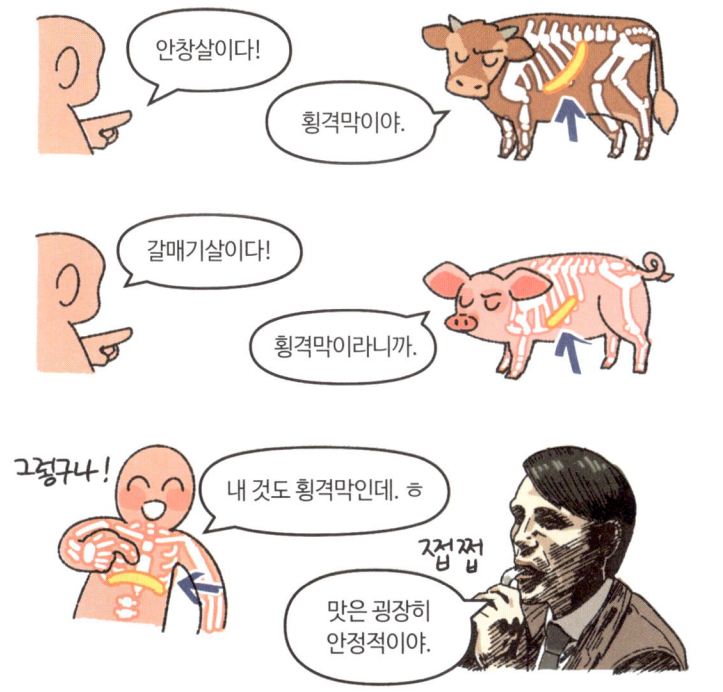

포유류인 소, 돼지, 인간은 몸의 구성이 비슷해서
같은 부위를 칭하는 단어가 많다.

인간의 해부가 불법이던 시절,
학자들은 동물을 해부하며 인간의 근육과 장기의 생김새를 추측했으나
실제와 맞지 않았다.

이 상태에서 해부학은
역사의 피치 못할 사정으로
한동안 거의 발전하지 못한다.

세월이 흘러 1240년,
신성 로마 제국의 황제 프리드리히 2세가
해부를 합법으로 허용한 이후

이후 르네상스 시대에 해부학 붐이 일며
존잘님들의 필수 학문으로 떠오르고

지금은 의료계 종사자, 예술가뿐만 아니라
체육계 종사자들에게도 필수 학문이 되었다.

그렇게 발달한 현대의 해부학은 인체를 기관 계통에 따라
골격계, 근육계, 소화계 등 11개 계통으로 구분하는데

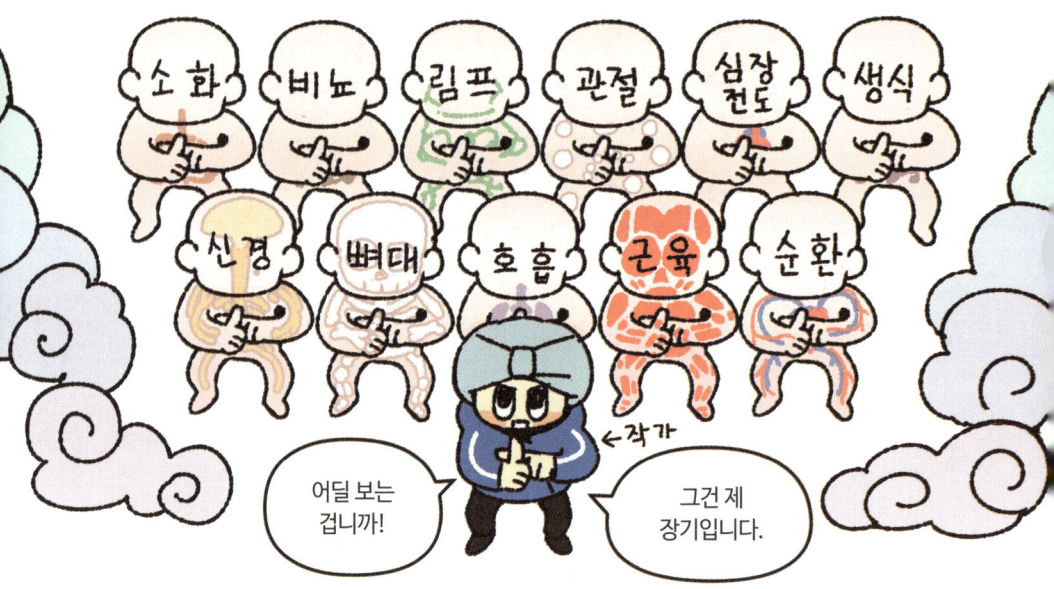

이 중에서도 가장 친근한 건 역시

골격과 근육계일 것이다.

그 골격 그 근육의 사정
: 뼈의 사정

뼈와 근육은 파괴와 재구축을 반복하며 강해진다.

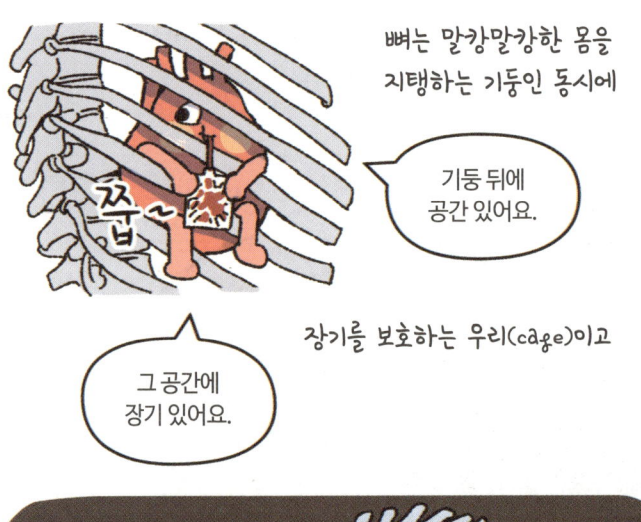

혈액 응고, 근육 수축, 신경 전달에 필요한 칼슘을
아낌없이 제공하는 광산이기도 하다.

그렇기 때문에 칼슘을 충분히 먹지 않으면

물론 골다공증에 걸리지 않은 뼈도 스펀지처럼 구멍이 뚫려 있지만

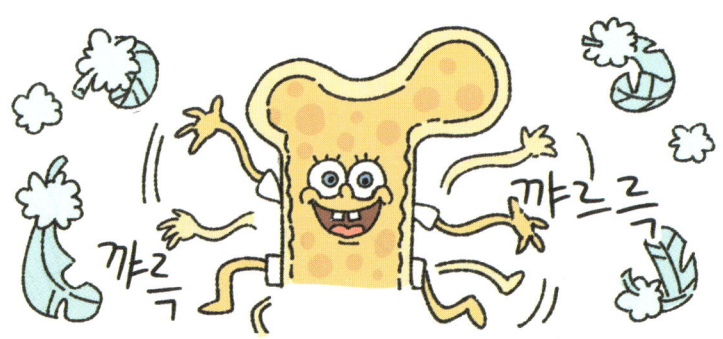

이는 '해면뼈' 특유의 '탑형 구조'로
골격의 크기에 비해 무게가 가벼워 이동에 유리하다.

해면뼈의 구멍은 그 유명한 '골수'로 채워져 있는데

골수는 '적색골수'와 '황색골수'로 나뉜다.

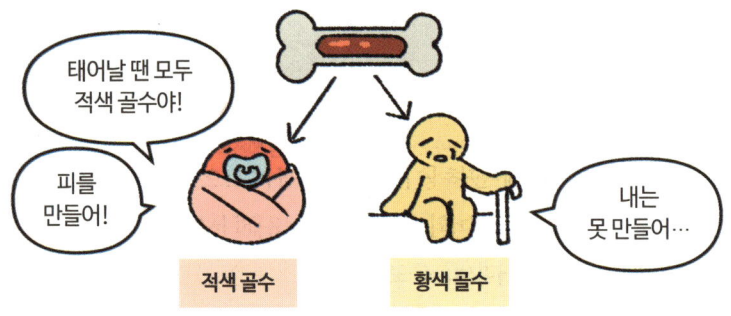

적색골수에 지방이 축적되고 나이가 들면
피를 만들지 못하는 황색골수가 되지만

피(혈구)가 부족해지면 다시 적색골수로 돌아온다!

한편, 해면뼈의 바깥은 밀도 높은 '치밀뼈'가 튼튼히 감싸고 있다.

단단한 치밀뼈끼리 직접 닿으면 상하기 때문에
'연골'이 뼈 끝을 감싸 보호해준다.

무릎 반월상 연골과 오돌뼈(갈비뼈 연골),
극강의 피어싱 부위인 귀, 코 이외에

탈주의 아이콘인
디스코도 연골이다.
*이렇게 탈출하진 않습니다.

또 성장판도 연골인데

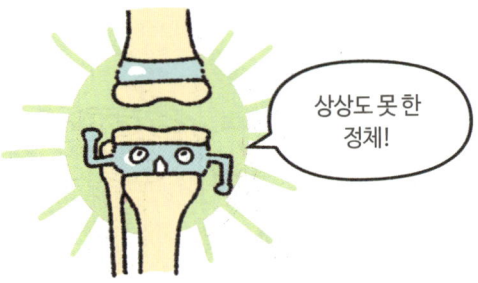

주로 긴뼈의 끝에서 부드러운 연골 상태로 크다가

긴뼈 외에도 총 다섯 가지 모양의 뼈가 있지만

그 어떤 모양도
뼈 자체만으로는
독립된 구조물이
될 수 없다.

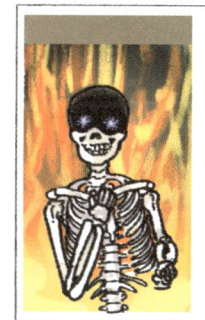

뼈와 뼈를 연결하는 '인대'로 관절을 이루고

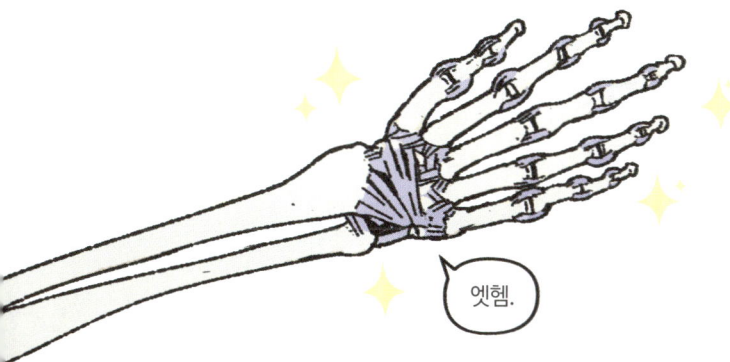

뼈와 근육을 연결하는 '힘줄'을 통해야만 비로소

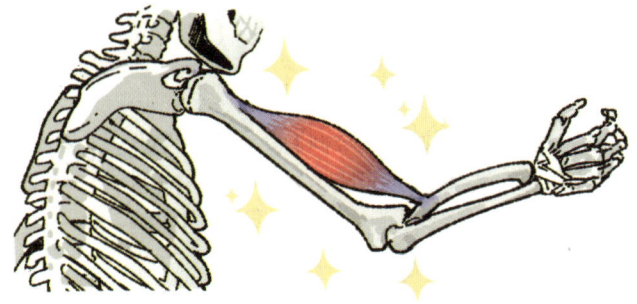

우리가 느낄 수 있는

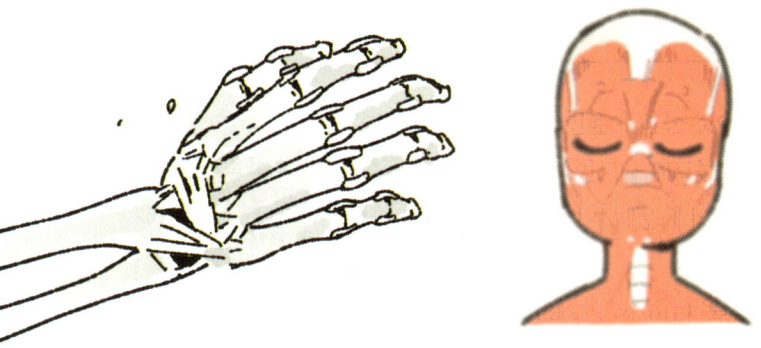

'근육'의 세계에 닿는다.

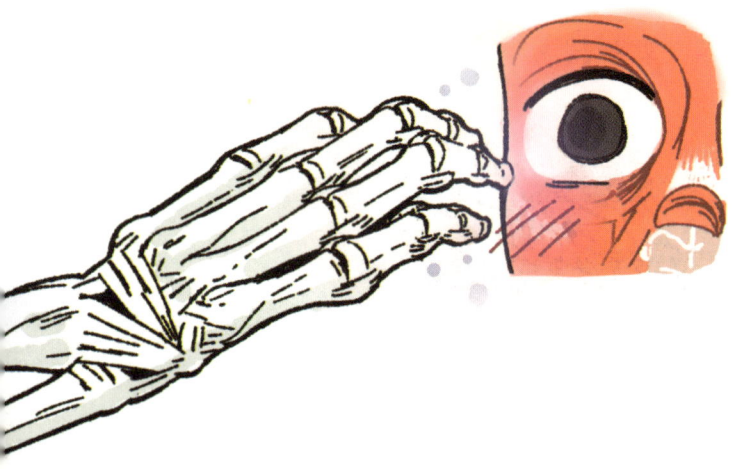

쉬면서 보는 해부학 칼럼

뼈가 까칠한 이유

근육은 힘줄을 통해 뼈에 붙어 있습니다. 그럼 힘줄은 어떻게 해서 뼈에 '잘 붙어 있는' 걸까요?

우리 몸에는 흔히 뼈라고 하면 떠올리는 이미지인 '길고 매끈하고 몽둥이처럼 생긴 뼈'만 있는 게 아닙니다. 몸의 '기둥'으로 불리는 척주조차 작고 복잡한 뼛조각이 이어져 기둥 같은 실루엣을 이루고 있을 뿐, 하나하나는 굉장히 복잡하고 들쑥날쑥하게 생겼습니다.

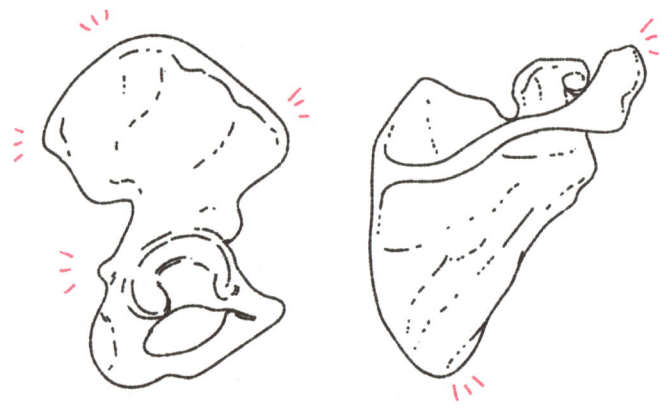

힘줄은 이처럼 평평한 곳보다는 좀 더 많은 표면적을 제공해주는 '툭 튀어나온 부분'에 철썩! 붙습니다.

튀어나온 곳이 없어 보이는 뼈도 자세히 보면 거칠거칠한 부분이 있습니다. 거칠다는 건 작은 돌기가 많다는 뜻이므로 이곳 역시 표면적이 넓어 안정적으로 힘줄이 붙을 수 있습니다.

아무리 그래도 접착제를 바르지도 않은 힘줄이 튼튼히 붙어 있을 수 있을까 싶지만, 뼈를 강하게 당기다 못해 '자라게' 하거나(오스굿슐라터병), 연결된 뼈 부분을 '뜯어내며' 골절될 정도로(찢김 골절) 힘줄은 뼈에 굉장히 견고하게 붙어 우리를 지탱하고 있습니다.

세상을 '둥글게' 사는 것도 미덕이지만, 민폐를 끼치지 않는 선에서 다소 '복잡하고 까칠하게' 사는 것도 세상과의 관계를 지탱하는 데 어느 정도 도움이 될지 모르겠습니다.

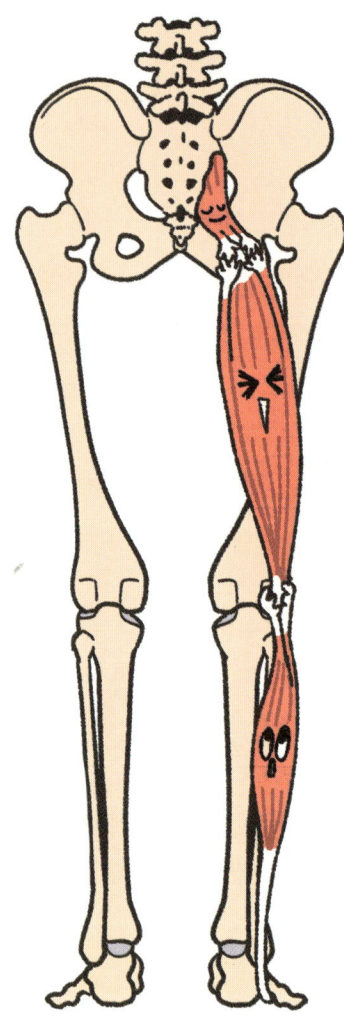

뼈와 근육을 뜻하는
'근골격계'는

다양한 개성을 가진
존재가 균형을 맞추며
함께 살아가는

하나의 공동체다.

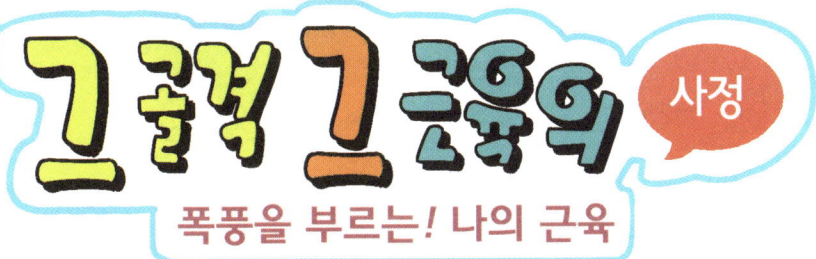

인간계에
인싸와 아싸가 있듯이

근육에도 화려한
가로무늬근과

수수한
민무늬근이
있다.

친숙한 근육인 '골격근', 즉 '가로무늬근'은
주로 결 방향으로 수축하며 몸을 움직인다.

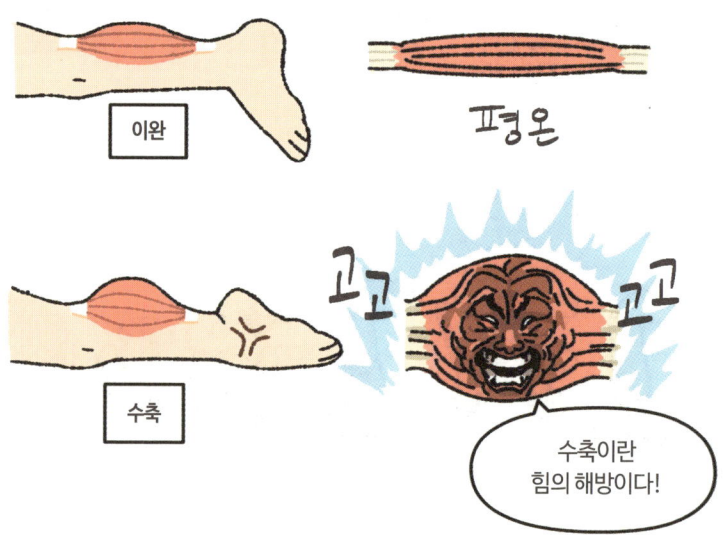

민무늬근은 주로 속이 빈 장기의 벽을 담당하고

마찬가지로, 결 방향으로 수축해 순환과 배출을 돕는다.

민무늬근은 골격근에 비해 덜 주목받지만
피가 순환하지 않거나 노폐물을 배출하지 못하면 죽게 되므로

생존에 굉장히 중요한 근육이다.

내장 중 예외적으로
가로무늬근인 심장은
'자가 흥분성'이라

활동에 필요한
전기 신호를 스스로
만들고 움직이지만

골격근은 스스로
전기 신호를 만들지
못한다.

그 대신 근육을 지배하는 '신경'이
적절한 자극을 준다.

신경은 근육뿐 아니라 내분비계, 소화계, 호흡계 등
우리 몸의 모든 활동을 조절하는 킹갓 핵심 기관이시다.

자극이 근육까지 전달되면
엇갈린 모양으로 배치된 근육 섬유가 서로 잡아당겨 수축한다.

근 수축으로는
'당기는 것'만
할 수 있고
'미는 것'은
할 수 없기 때문에

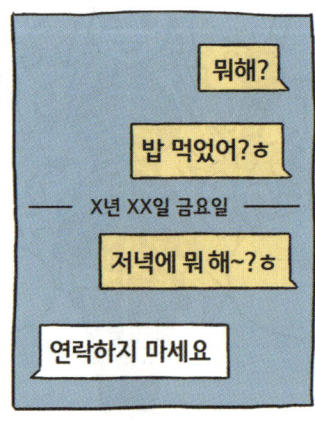

'밀땅'이
불가능한데

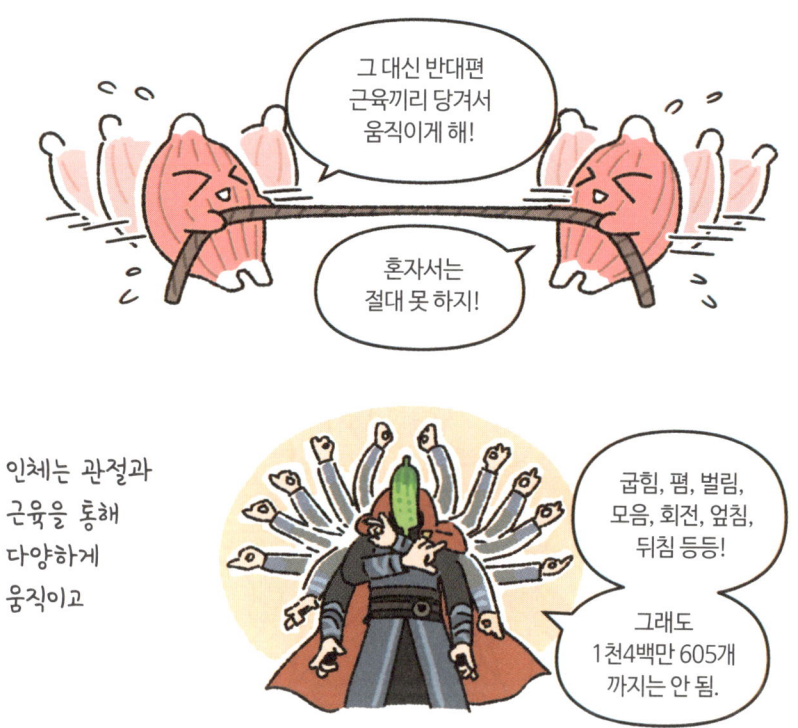

인체는 관절과
근육을 통해
다양하게
움직이고

주로 같은 일을 하는 '팀과 함께' 일한다.

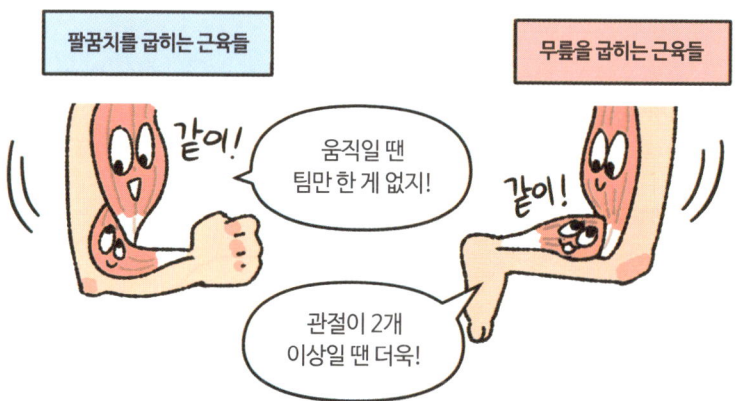

자극이 시냅스를 통해 근육 안까지 전달되면
엇갈린 모양으로 배치된 근육 섬유가 서로 잡아당겨 수축한다.

> 어깨 벌림
> +팔꿈치 굽힘
> +손목 폄!

> 엉덩이 굽힘
> +무릎 굽힘
> +발바닥 굽힘!

> 팔꿈치 굽힘
> +손목 폄
> +무릎 굽힘!

> 다리 벌림
> +무릎 폄
> +어깨 벌림
> +팔꿈치 굽힘!

> 어깨 굽힘
> +어깨 안쪽 회전!

> 허미…

그렇기 때문에 어떤 동작이 어렵다면 그곳뿐 아니라
관련된 여러 근육을 두루두루 살펴볼 필요가 있다.

> 하나는 전체!

> 전체는 하나!

까·해·만 극장

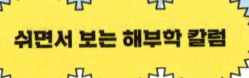

주인공 근육과 적대적 근육

《흥부전》에 나오는 흥부 가족이 박을 썰 때를 생각해봅시다. 한 사람이 톱을 당기면 다른 사람은 힘을 풀고, 힘을 푼 사람이 다시 힘을 주면 다른 쪽 사람이 힘을 푸는 것을 반복합니다.

우리가 평소에 팔을 굽히고 펼 때도 이와 같습니다. 위팔두갈래근과 위팔세갈래근이 흥부 가족처럼 서로 번갈아서 힘을 주고 풀기를 반복하죠.

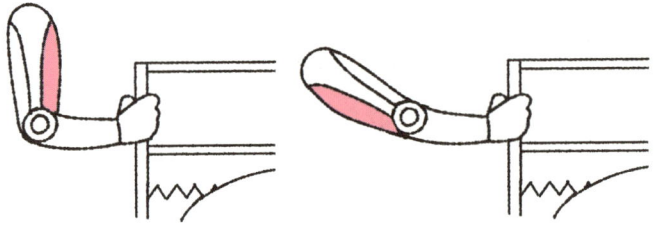

이처럼 어떤 동작에서 주로 힘을 쓰는 근육을 '주동근', 반대쪽에서 힘을 조절하는 근육은 '길항근'이라고 부릅니다. 두 근육의 균형이 잘 맞아야 박을 썰 수 있죠.

흥부가 《흥부전》에서 맡은 주인공(프로타고니스트, Protagonist) 포지션은 주동근(Agonist, 아고니스트)처럼 목표를 향해 '움직이기 위해' 이야기를 이끌고, 적대적 캐릭터인 놀부는 길항근처럼 목표의 반대 방향에서 '힘을 조절'합니다. 그리고 이 적대적 캐릭터와 길항근 '둘 다' 안타고니스트(Antagonist)라고 불리죠. 꽤 흥미롭지 않나요?

주인공과 주동근은 그 자체로 크고 아름답지만 적대적 캐릭터가 없으면 이야기를 움직일 수 없고, 길항근이 없으면 결코 몸을 움직일 수 없습니다. 확실히 좋은 서사일수록 적 캐릭터는 단순히 주인공을 방해하는 악당이 아니라, 이야기를 팽팽하게 줄다리기하는 또 다른 주인공으로 나옵니다. 길항근도 놀부도 그런 존재인 셈이죠.

우리 몸도 여러 근육이 조화와 부조화를 이루며 어떤 이야기를 만들고 있을 것입니다. 일상물처럼 평온할 수도 있고, 액션물처럼 하드할 수도 있고, 드라마처럼 다양한 감정을 줄 수도 있죠. 인체가 만드는 이 이야기에도 '기승전결'이 있다면, 좋은 '결'말을 위해 '기승'을 잘 준비해 '전'성기를 길게 가져가면 참 좋겠다고 생각합니다.

…라고 모두가 말씀하시는 날을 상상해봅니다.

고대에는 인간의 몸을 작은 우주라고 생각했다.

인간의 내부 구조를 밝히는 것은
달에 가는 것만큼 어려웠으나
마침내 눈부신 발전을 이룬다.

이것은 인류의 해부학을 하드캐리한 세 사람의 이야기~

'히포크라테스'는
의학과 해부학의 역사에서
빼놓을 수 없는 사람이다.

히포크라테스는 뼈와 관절, 탈구에 해박했고
*탈구: 관절이 제 위치에서 벗어나는 것.

탈모였다.
*탈모: 머리카락이 제 위치에서 벗어나는 것.

그 HAIR 나올 수 없는 매력에 빠진 이들은
'히포크라테스 학파'가 되어 그를 학문적으로 핥았는데

그로부터 약 6세기 이후까지도 기록으로 핥아진다.

이 덕후의 이름은 '클라우디오스 갈레노스'···

1천300년간 의학계를 지배한
'의사들의 왕자 갈레노스'가 바로 이 사람이다.

그는 해부학, 생리학 등
의학 전 분야를 연구해
방대한 양의 저서를 남겼고

지금도 쓰이는 분류와 명칭을 만들었다.

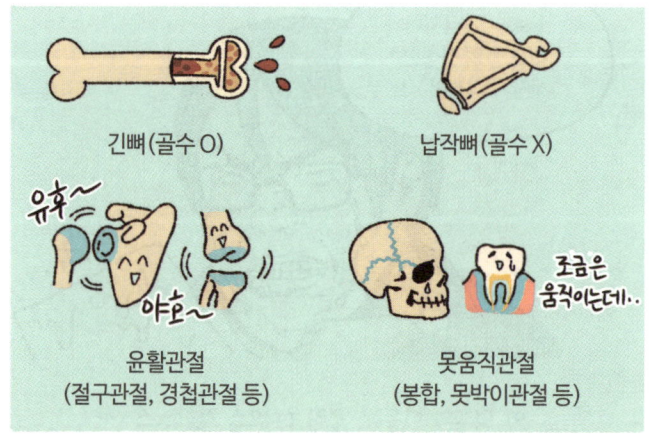

물론 한계는 있었는데…

이것은 갈레노스가 인간 대신
동물을 해부해 얻은 지식으로 인체 내부 구조를 '추측'하고

*주로 희생된 돼지, 개, 원숭이

보이는 그대로를 분석하는 대신
'종교적 해부학'을 했기 때문에 피할 수 없는 오류였다.

그럼에도 불구하고 그의 저서는
가톨릭 교회의 버프를 받고 수정이 금지되어
신성불가침 영역이 되고

학자들은 갈레노스가 만든 책을 '경전'처럼 여기며
실제와 다른 점을 발견해도 고치지 않았다.

*드물게 이뤄지는 시체 해부나 환자를 통해 확인.

갈레노스의 노력이 쇠퇴를 부른 아이러니한 상황이 된 것이다.

엎친 데 덮친 격으로 비과학적인 시대 상황까지 더해지며
유럽의 의학과 해부학은 한없이 추락했고

고대 그리스 의학을 꾸준히 발전시켜온
이슬람이 의학의 중심이 되며
유럽 의학계는 아랍에서 역수입된 지식에 의존하기에 이른다.

해부학은 16세기가 돼서 겨우 부활할 조짐을 보이지만 이조차 의학계가 아닌 예술계에 의해 이루어졌다.

레오나르도 다빈치가 직접 시체를 해부(!)해 그린 해부도는 엄청난 시각적 충격을 줬고

*수술용 메스로 약 30구 해부.

그 충격은 나비효과가 되어, 1천300년의 암흑기를 깰 용사에게 큰 영향을 끼친다.

> 쉬면서 보는 해부학 칼럼

히포크라테스 덕후는
어디에나 있고 어디에도 있다

의사들의 왕자로 불리는 전설적인 존재인 갈레노스는 훌륭한 학자인 동시에, '존경하는 히포크라테스' 찬양에 온 힘을 쏟는 열성 덕후였습니다.

호메로스 시대에서 2세기에 이르기까지 그리스 전체 문헌 중 8분의 1을 차지할 정도로 방대한 저술 활동을 하는 와중에도 덕심을 숨기지 않고 히포크라테스를 자주 언급했죠. 그 횟수가 2천500번을 넘었을 정도라고 합니다. 고대 제일의 히포크라테스 덕후인 셈입니다.

한편 17세기 후반 '영국의 히포크라테스'라 불렸던 의사 토마스 시든햄도 히포크라테스를 존경했습니다. 이쪽은 또 어느 정도냐면, 자신이 천연두를 발견했음에도 히포크라테스가 천연두를 놓쳤을 리 없으니 "그의 시대에는 천연두가 없었을 것"이라고 정신 승리(?)하는 결론을 내릴 정도였습니다.

갈레노스와 토마스 시든햄이 같은 시대에 태어났다면 참 재밌지 않았을까요?

언젠가 페이X에서 세 사람이 서번트로 등장해
활약하는 것을 보고 싶네요. ㅎㅎ

해부학의 용사 '안드레아스 베살리우스'는…

처음부터 혁명가가 될 생각은 아니었다.

해부학 수업을 듣기 전까지는…

이것이 16세기 해부학이다!! 절망편

신격화된 갈레노스의 저서

시신 부족으로 실습X

갈레노스 책만 공부하는 학생

갈레노스 이론만 가르치는 교수

갸아!

갈레노스 타령 좀 그만해!!!

베살리우스 (학생)

16세기의 해부학 수업은 개판이었다.

높은 곳에 앉아 지시하는 교수

갈레노스 가라사대, 이쪽을 들추면 폐가 나온다~카더라.

해부 지시봉

멀뚱 멀뚱

구경만 하는 학생

교수 대신 해부하는 비전문가

해부는 이 이발사가 처리했으니 안심하라구!

나돠!

이런 해부학 교육에 실망한 베살리우스는

이런 현실이… 이런 현실이 있단 말이냐?

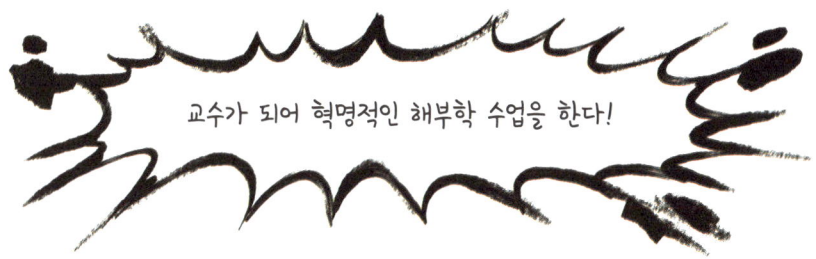

교수가 되어 혁명적인 해부학 수업을 한다!

높은 의자에서 내려와 직접 해부하고

체계적으로 분석해

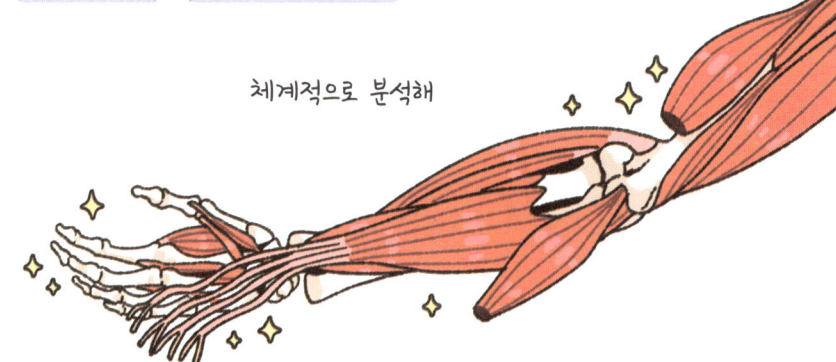

그림을 그려 설명했다.

해부는 전통적인 체계에서 벗어나 독자적인 순서로 했는데

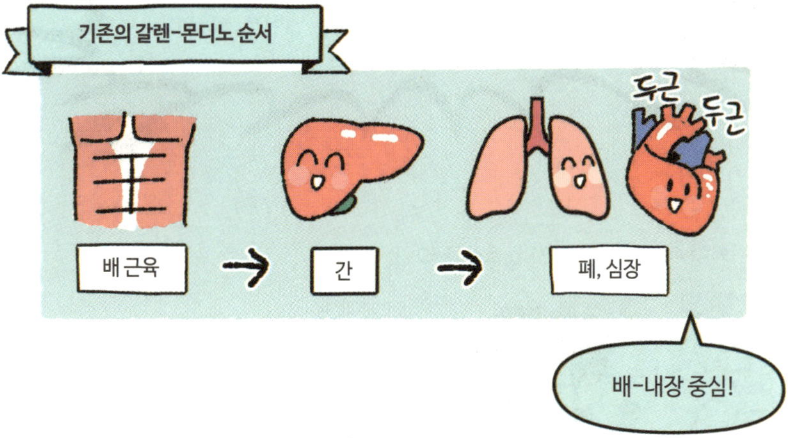

기존의 갈렌-몬디노 순서

배 근육 → 간 → 폐, 심장

배-내장 중심!

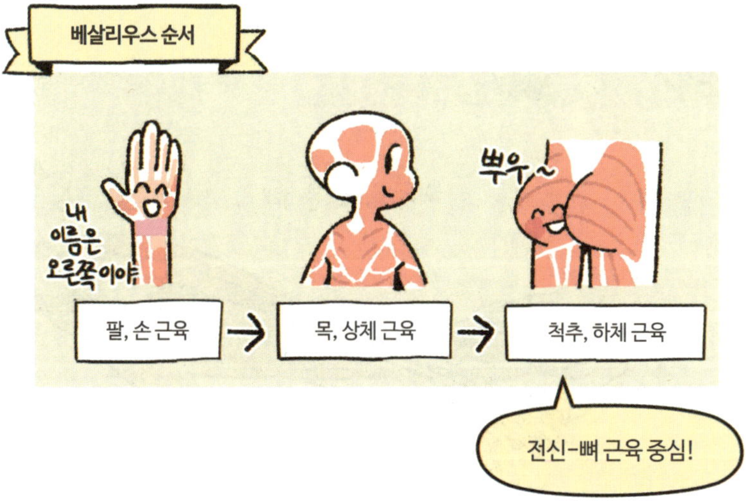

베살리우스 순서

팔, 손 근육 → 목, 상체 근육 → 척추, 하체 근육

전신-뼈 근육 중심!

*간략화된 순서임.

그런데 이 '도발'에 분노한 해부학자 쿠리티우스가 해부 시연에 난입하는 사건이 일어난다.

고오얀 놈!

이 논쟁은 청중을 혼란에 빠뜨렸지만

이조차 베살리우스가 치밀하게 의도한 혁명의 수단이었다.

3년 뒤, 코페르니쿠스가 우주의 중심이 지구가 아닌 태양이라고 선언하며 천문학계에 혁명을 일으킨 그해, 베살리우스도 혁명을 완성할 책을 출판한다.

《인체의 구조에 관하여》
(De Humani Corporis Fabrica),
일명 《파브리카》
(1543년, 전7권)

이 《파브리카》 해부도는
레오나르도 다빈치의 영향을 받아 매우 예술적이고

이전의 어떤 책보다 정확했다.

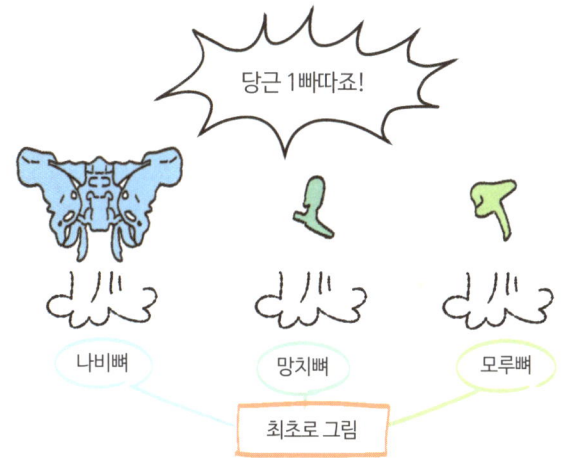

'감히' 갈레노스의 이론에 이의를 제기하는 엄청난 짓도 했는데

*이제 사람은 구분하지 않고 위턱뼈 하나로 봄.

이런 행보의 정점을 찍은 것이 바로
《파브리카》해부도의 '속표지'다.

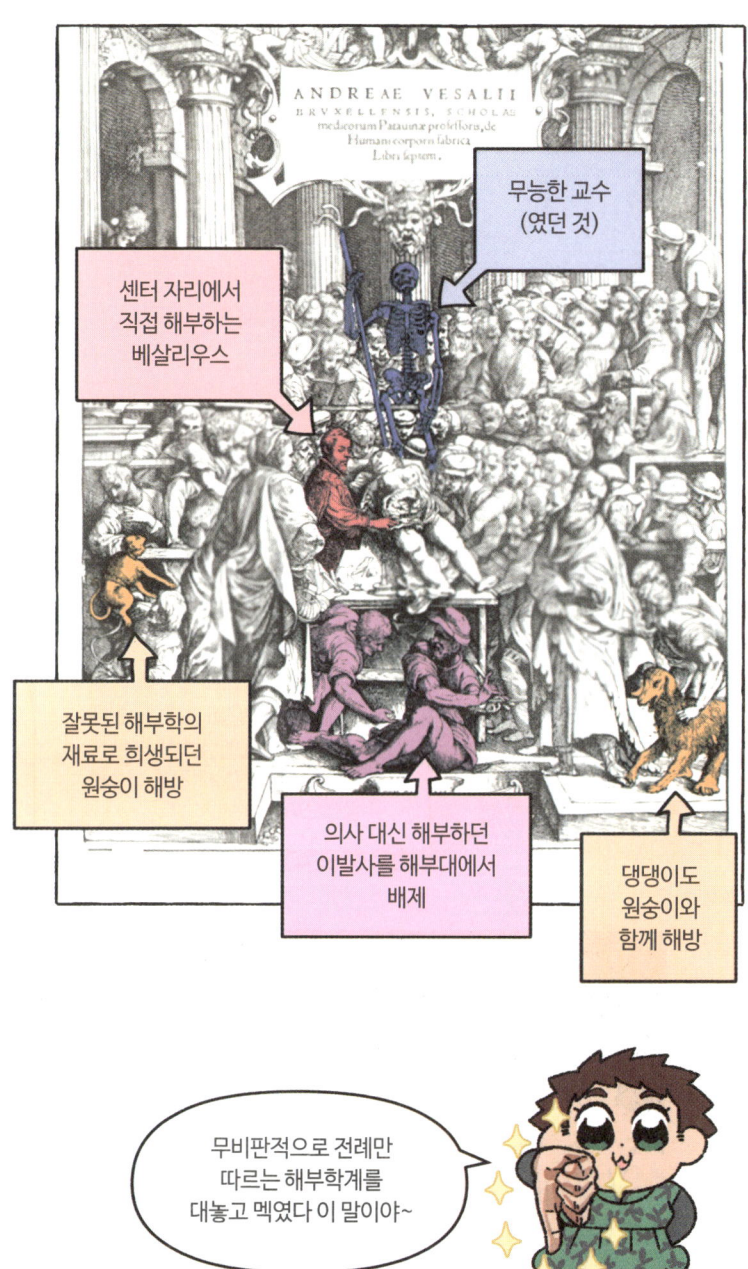

이렇게 혁명적인 《파브리카》에 의해
갈레노스의 이론을 성서처럼 여기던 시대는 끝이 난다…

…고 하면 베살리우스가 갈레노스를 마냥 부정한 것 같지만
그의 지식이 무조건적으로 '숭배되는 것'을 부정했을 뿐, 사실…

*《파브리카》서론
사실 이 책의 구성을 다듬는 과정에서 나는 갈레노스의 견해를 따랐다.

*《파브리카》서문
사람들은 갈레노스의 실수를 찾으려고 생각하지도 않는 데 반해 갈레노스는 경험에 의거해 자신이 앞서 저술한 책에서 저지른 실수를 수정했으며…

그에 의해 갈레노스의 이론이 '보완'되었다고 본다.

발전된 해부학의 등장 이후 100년은 '발견의 시대'였다.
여러 학자들이 별에 이름을 붙이듯 새로 발견한 부위에
자신의 이름을 붙였지만

정작 이 시대를 연 베살리우스는
어떤 부위에도 자신의 이름을 붙이지 않았다.

그 대신…

혁명가와 선구자로

'해부학' 그 자체에
크고 아름답게

자신의 이름을 새겼다.

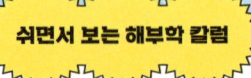

베살리우스 《파브리카》의 이스터에그

《파브리카》의 해부 그림은 정적으로 그려진 기존의 해부 그림과 달리, 다채로운 배경에서 생동감 있는 포즈를 취하고 있어 '생명'이 느껴지는 것이 가장 큰 특징입니다.

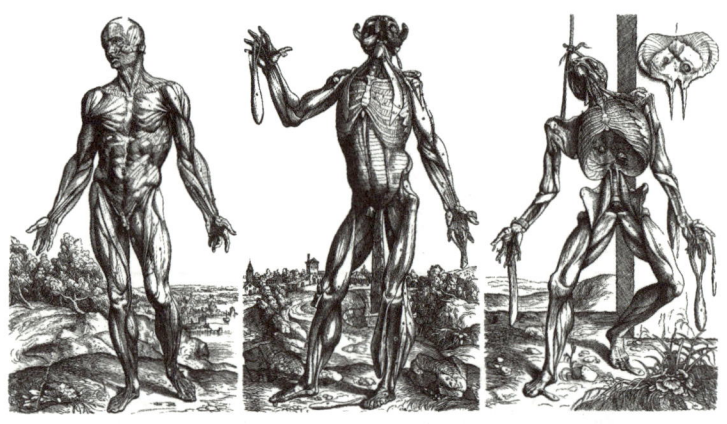

처음에 완전한 근육으로 당당히 서 있는 인물은 근육이 한 겹 한 겹 벗겨질수록 자세가 무너지다가 최후에는 밧줄이나 벽에 의지해 간신히 서 있는 모습으로 묘사됩니다. 《파브리카》 속표지에서 기존 해부학 교육을 통렬히 돌려 깐 베살리우스의 감각을 여기에서도 엿볼 수 있습니다. 배경의 풀과 나무 또한 인물의 영향을 받기라도 하듯 점점 시들다가 마지막에는 황량한 땅만 남습니다.

이후 이 해부 그림의 배경을 역순으로 이어 붙이면 특정 지역의 풍경이 나타난다는 이스터에그가 발견되었는데, 그 장소로 추정되는 파도바 인근의 에우게니아 언덕에는 베살리우스를 동경하는 사람들과 의사들이 성지순례를 갔다고 합니다.

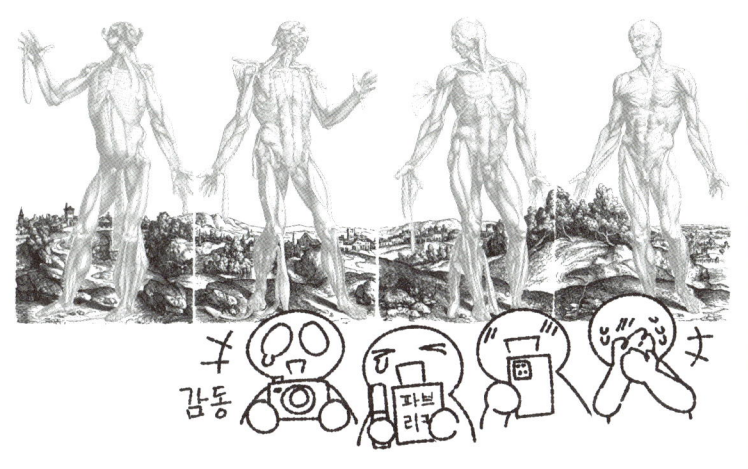

대 해부학자 베살리우스는 '손'을 중요시했다.

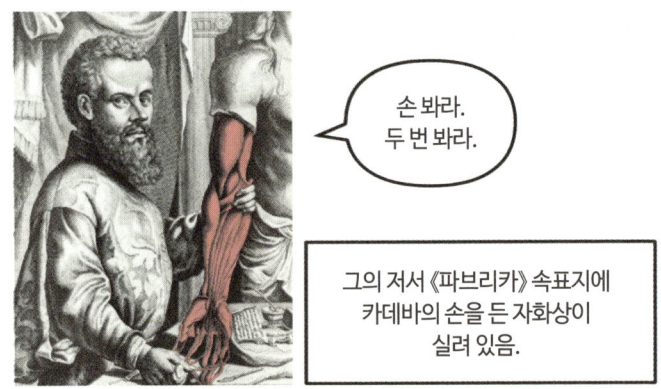

손에는 인체를 구성하는 여러 요소가 들어 있어 그가 주장하는
뼈-근육-신경-혈관 중심의 해부학 체계를
잘 설명할 수 있기 때문이다.

손은 단위면적당 뼈 개수가 가장 많은 부위다.

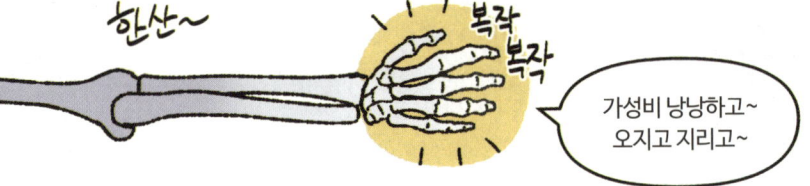

베살리우스가 최초로 손목뼈(수근골)를 정확하게 묘사한 덕분에
후대에 공부하는 사람들이 개고생 중인데

암암리에 전해 내려오는 암기법이 있을 정도다.

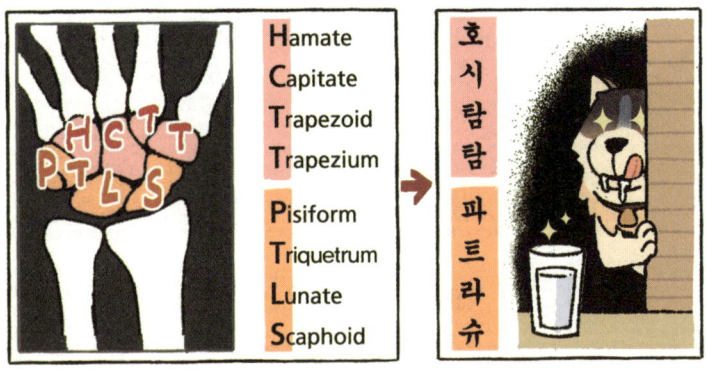

그렇지만 뜯어보면 제법 낭만적인 구석도 있다.

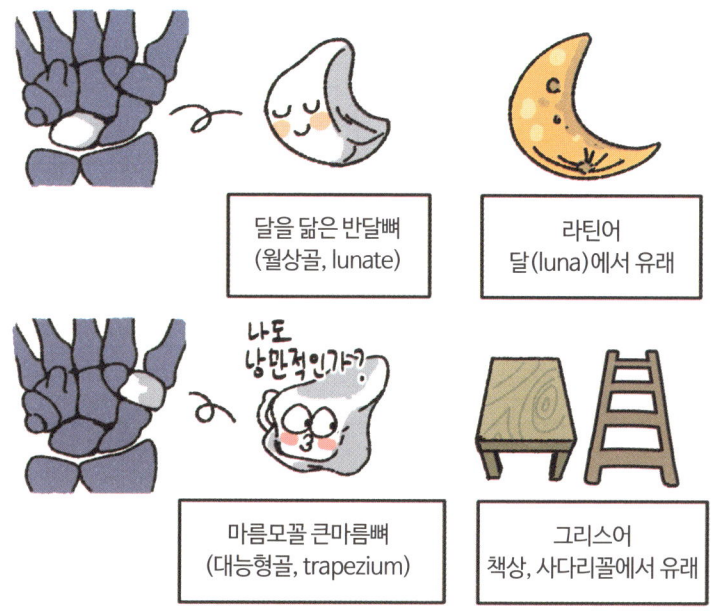

큰마름뼈는 오리온 대성운 M42의 중심부에 있는
4개의 별과 이름이 같다.

귀여운 부분도 있다.

베살리우스도 이에 대해 한탄했다.

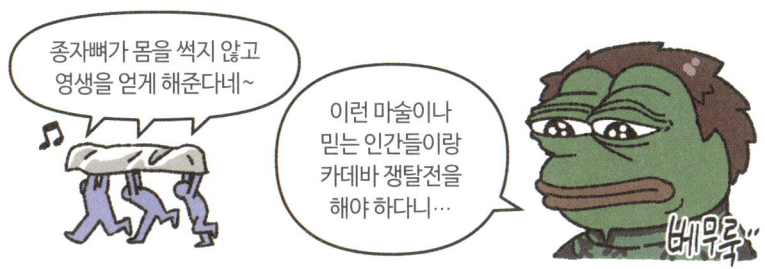

*《파브리카》1권 28장

종자뼈가 랜덤하게 생기는 엄지손가락에는
다른 네 손가락에 맞서는 움직임을 위한 특별한 근육이 있다.

물건을 잡을 때 꼭 필요하지만 손가락 하트를 만들 때도
쓰이기 때문에 한국인에게 특히 중요한 근육이다.

엄지 외에 다른 네 손가락은 팔꿈치부터 시작되는
굽힘근육들로 구부리는데, 그중 가장 표면에 있는 게
긴손바닥근(장장근, palmaris longus)이다.

긴손바닥근의 '손바닥'에서 파생된 단어가 종려나무 잎인데

이 어원이
칸영화제 최고상인
황금종려상
(Palme d'Or)으로
이어지며
문과-이과-예체능
대통합을 이룬다.

손가락굽힘근들은 미세하게 굽히고 펼 수 있도록
실용적인 구조로 이뤄져 있어

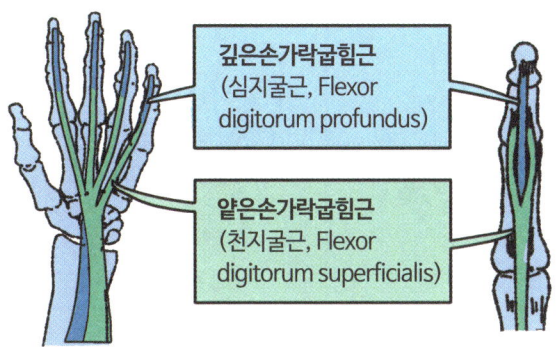

그리기 매우 힘들다···

하지만 이 덕분에 글씨 쓰기, 악기 연주, 젓가락질 등
손가락을 섬세하게 움직이는
활동을 할 수 있다.

긴손바닥근보다 안쪽에 있는 '벌레근'은
이런 섬세함의 극치라 할 수 있는데

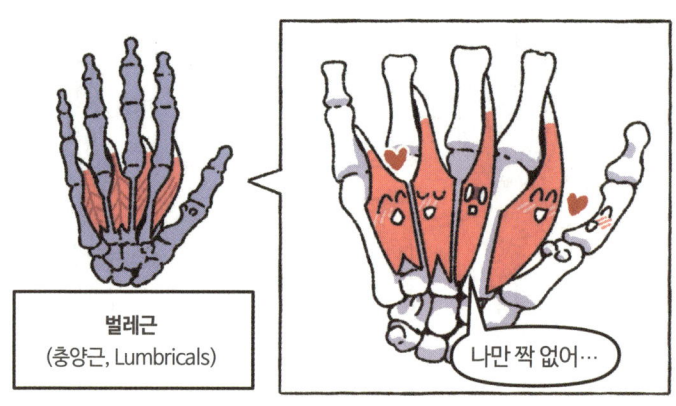

보통 굽히거나 펴는 것 중 하나만 할 수 있는 다른 근육과 달리

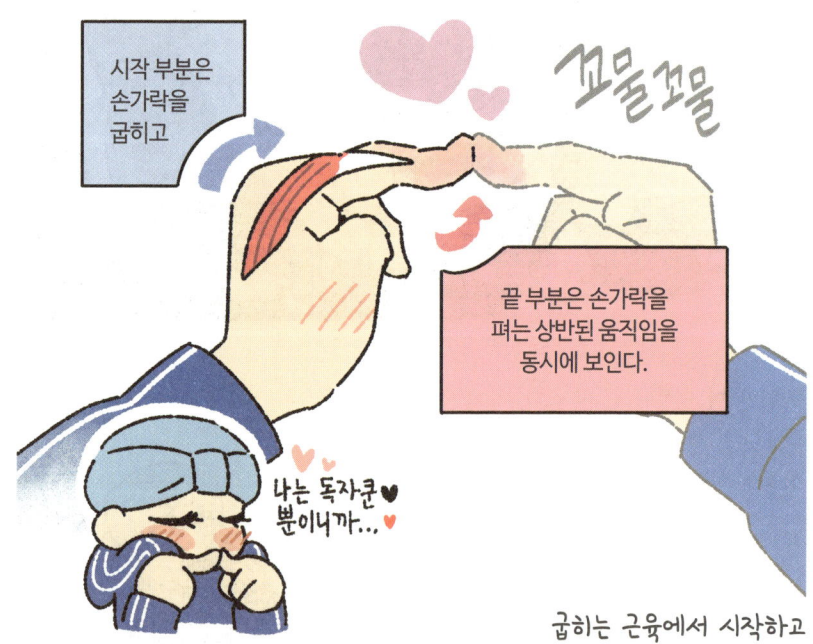

굽히는 근육에서 시작하고
펴는 근육에서 끝나기 때문에 가능한 움직임이다.

벌레근을 포함한 모든 근육은 '근방추'라는 센서로 근육의
길이 변화와 속도 변화를 감지해 위험한 움직임을 제한한다.

벌레근에는 이 근방추가 약 10배 더 많이 들어 있어서
아주아주 미세한 움직임을 감지하게 한다.

그래서 우리의 손은 눈보다 빠르다.

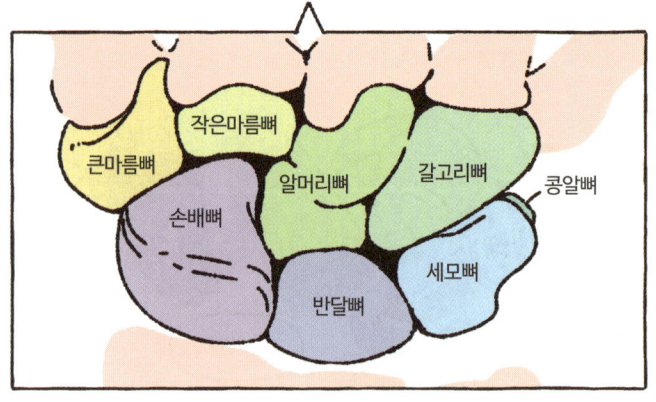

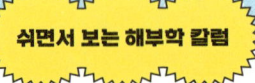

너의 신체를 갖고 싶어

전 세계가 세기말 감성에 취해 있던 1999년경, 연예인의 모근이나 혈액에서 추출한 DNA를 넣은 상품이 판매된 적이 있습니다. 좋아하는 연예인의 신체 일부를 소장하는 아이템이라니, 조금 기묘한 느낌이 있지만 충분히 이해가 갑니다. 인간은 소중한 것일수록 눈에 보이고 손에 잡히는 '물질'로 소유하고 싶어 하니까요.

할리우드에 있는 명예의 거리에도 스타들의 손도장이 가득합니다. 연예인뿐만 아니라 가족, 연인, 아이의 손도장과 발도장을 액자로 만들어 간직하거나, 신생아의 탯줄과 아이의 유치를 보관하기도 하죠.

저도 어릴 때 '귀신의 손'이 갖고 싶었습니다. ←?

생각해보면 연예인의 DNA나 손도장은 결국 그 존재를 영원히 소유할 수 없기 때문에 생겨난 임시방편에 불과합니다. 애초에 '영원히 소유'할 수 있는 게 대체 있기는 한 걸까요.

-라고 생각하는 당신께 알려드릴 것이 있습니다. 우주의 탄생부터 멸망까지 온전히 내 것인 존재가 있습니다. 바로 '나'라는 우주를 이루는 '나의 신체'입니다.(*신체 포기 각서를 쓴 경우는 예외)

사상, 마음, 정신은 변하고 깨지고 물들 수 있지만, 신체만큼은 내가 존재하는 한 영원히 나의 것입니다. 그리고 내 것을 아끼는 방법은 그리 어렵지 않습니다.

일단 따뜻한 물로 씻어준 뒤 허락되는 선에서 충분히 쉬어주고, 잠들기 전에 뼈나 근육의 '이름'을 하나만 찾아 불러보세요. 첫 만남은 통성명부터 시작되니까요.

이후 천천히 친해지면 나의 몸을 더욱 아끼는 방법을 찾아나갈 수 있을 겁니다. 츄라이 츄라이.

···라고 하면 대략 이곳을 생각하지만

해부학에서의 '어깨'는 조금 다르다!

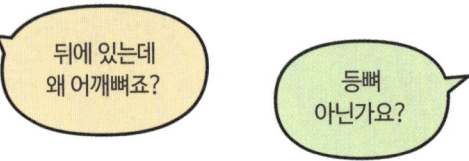

…라는 의문을 가질 수 있는데 답은 간단하다.

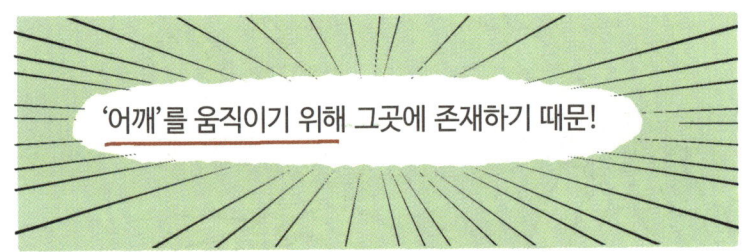

사람의 어깨뼈는 로봇 팔처럼 끼우고 돌리기만 하면 되는 게 아니라, 먼저 6가지 동작을 해야 한다.

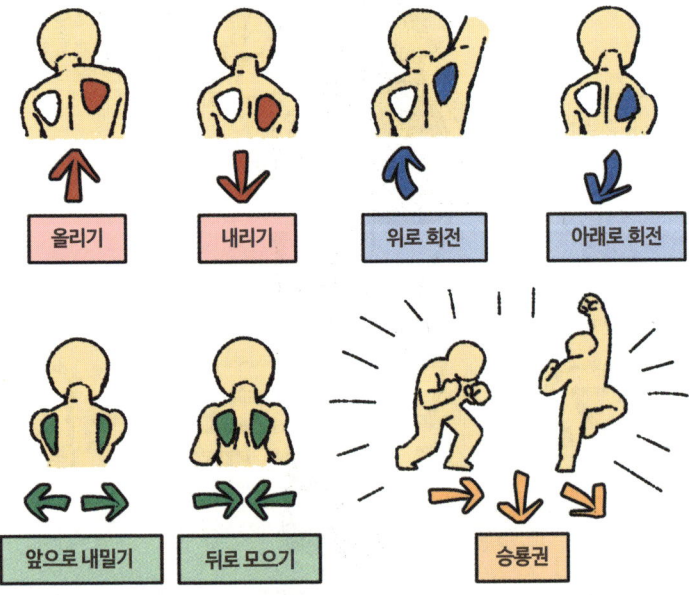

여기에 위팔뼈와 빗장뼈(쇄골)가 붙은 '어깨관절'은
추가로 9가지 동작을 더 해야 한다.

다 합쳐 총 15가지나 되는
움직임을 소화해야 하는 것이다.

(압듈 어깨 과로사)

이러한 움직임은 위팔뼈가 어깨뼈에 얕게 얹어져 있기에 가능한 것인데…

자유롭게 움직이는 대신 제약이 따른다.

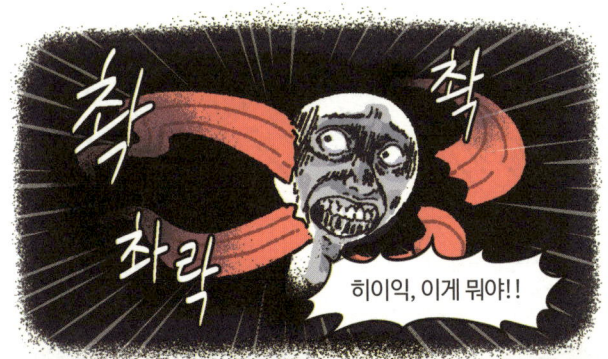

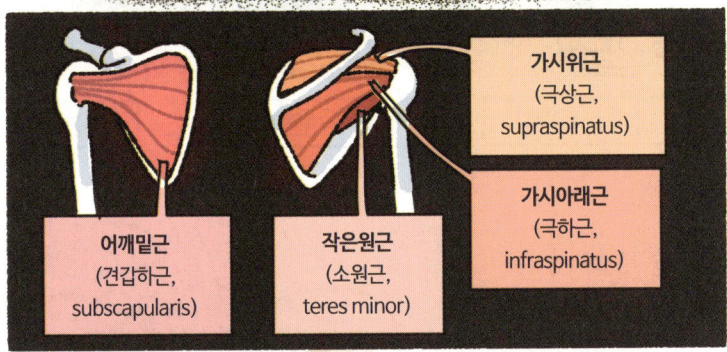

활동성이 높은 반면 안정성이 떨어지는 단점을 커버하기 위해 사방에서 붙잡혀 있는 것이다.

그래도 어깨는 부상이 빈번하기로 유명한데
대표적인 부위가 가시위근(극상근)이다.

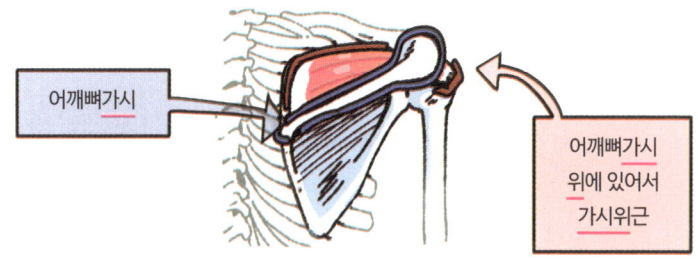

가시위근은 팔을 벌리기 위해 움직일 때뿐만 아니라
힘을 빼고 쉴 때조차 위팔뼈를 붙잡고 있는 근육으로

구조상 어깨뼈가시와 연결된 어깨 봉우리에 끼는
'가시위근 충돌'이 잘 발생한다.

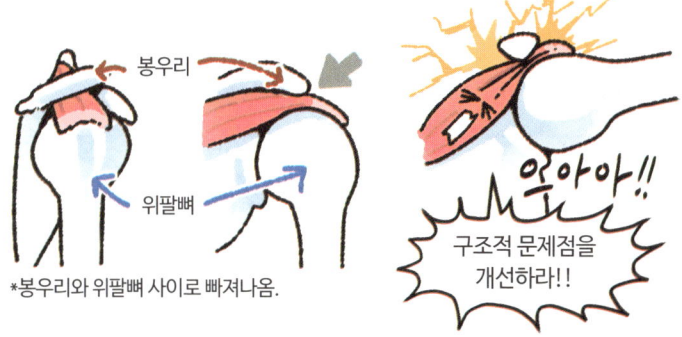

인접해 있는 가시아래근도 바깥 회전 시 큰 힘을 내기 때문에 종종 부상을 입지만, 모든 어깨 부상이 회전근개의 탓은 아니다.

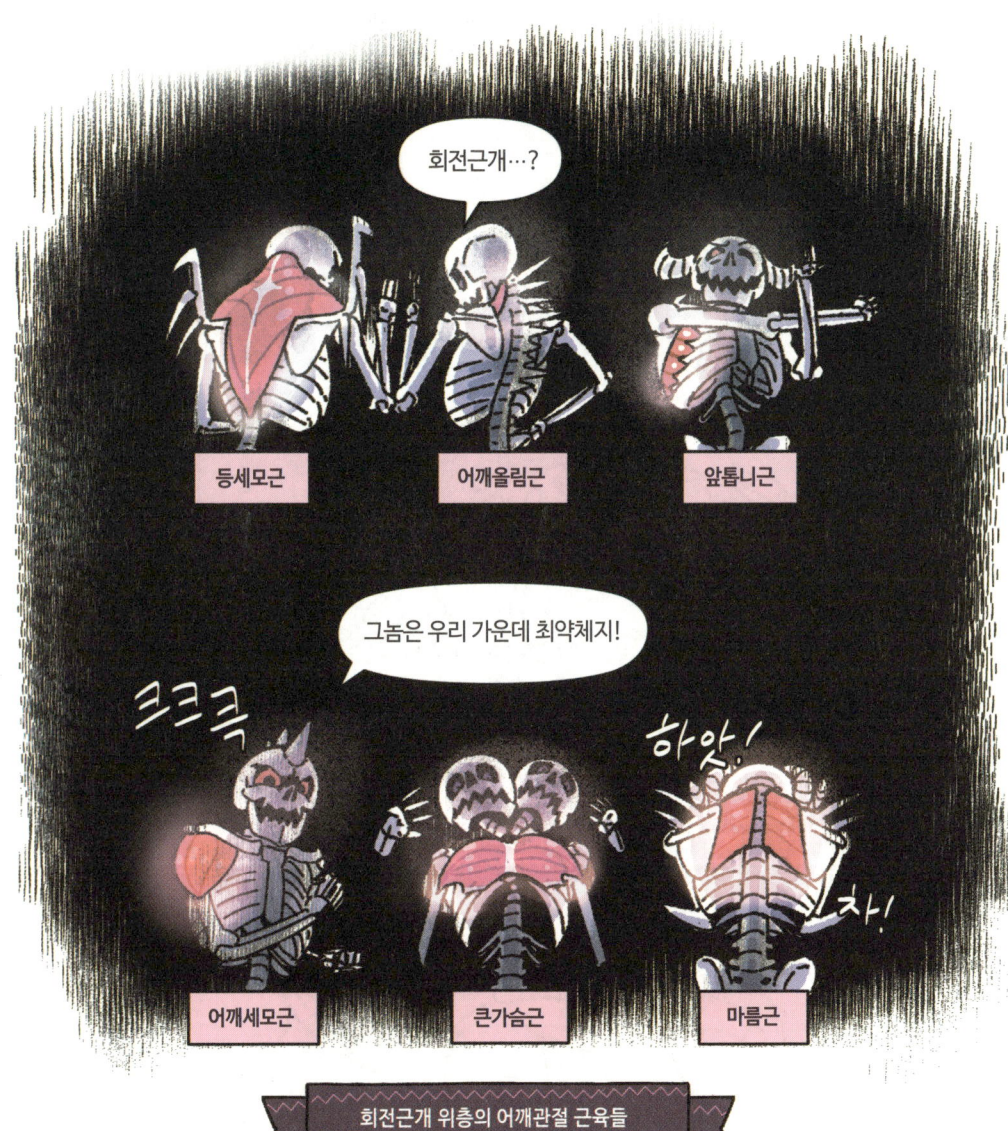

근육은 겉 부분에 큼직하게 붙어
강한 힘을 내는 '바깥 근육'과

작지만 안정성을 담당하는 '안쪽부 근육'으로 분류할 수 있는데

큰 힘을 내는 근육은 그만큼 더 단련할 수 있기 때문에
표면 근육만 발달시키면 근육 불균형으로
부상에 노출될 가능성이 높아진다.

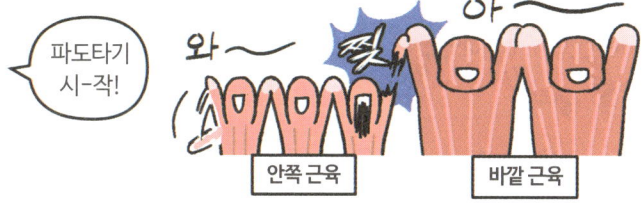

이 때문에 두 근육군의 '밸런스'를 고려하며 단련하는 편이 좋다.

(대충 밸런스 붕괴된 짤)

그럼 어깨뼈 근처의 근육만 신경 쓰면 부상이 없는가?!
···하면 당연히 아니다.

팔 근육으로 분류되지만
어깨뼈에 붙어 있는
위팔두갈래근(상완이두근)의
문제일 수도 있고

머리가 2개라 상완이두근이지.

2~

손목이나 발목 문제로 균형을 잃은 움직임이
연쇄적으로 전달돼 통증이 생길 수도 있다.

코킹 동작

불안

야구의 '코킹' 동작 시
어깨 부상이 잦은 선수가
'발목 불안정성 개선' 후
부상이 없어지고
경기력이 향상되는
일이 일어나기도 한다.

편안

편의상 '어깨'로 나눴지만 사실 다 연결되어 있기 때문에
한 부위'만' 신경 쓰는 것은 바람직하지 않다.
중요한 것은 전체 밸런스!

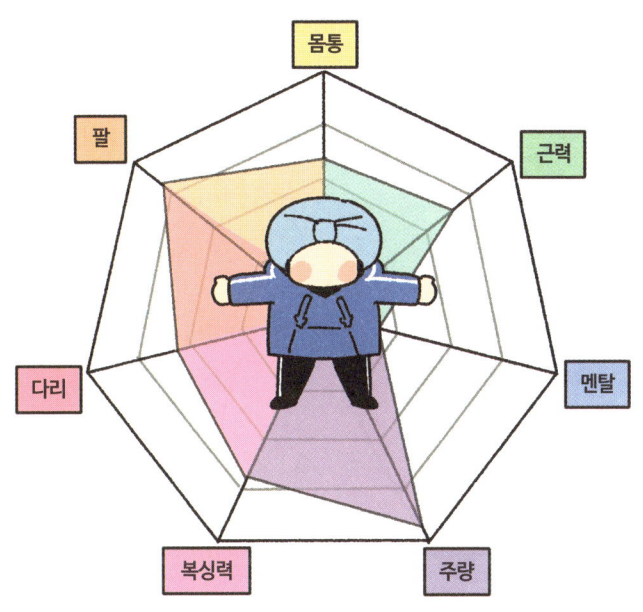

까면서 보는 어깨

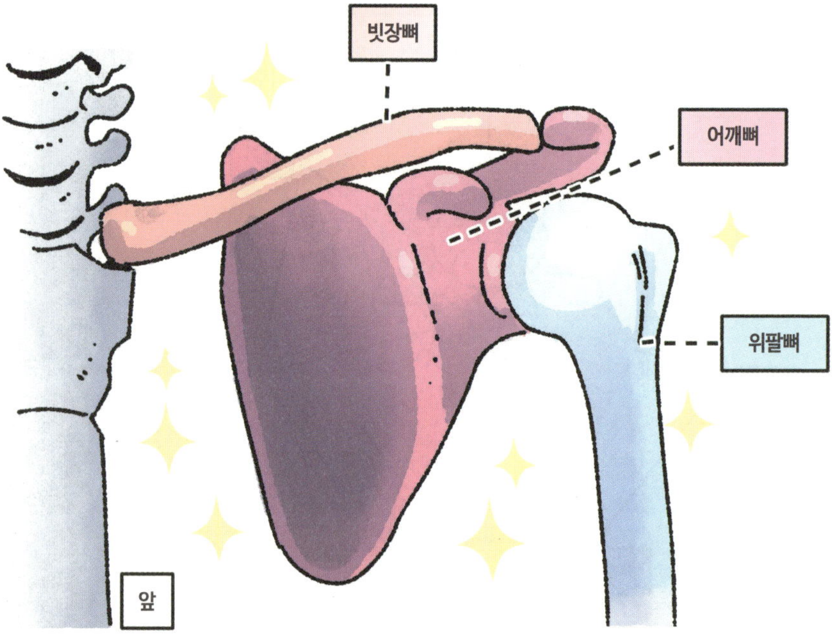

- 빗장뼈
- 어깨뼈
- 위팔뼈

앞

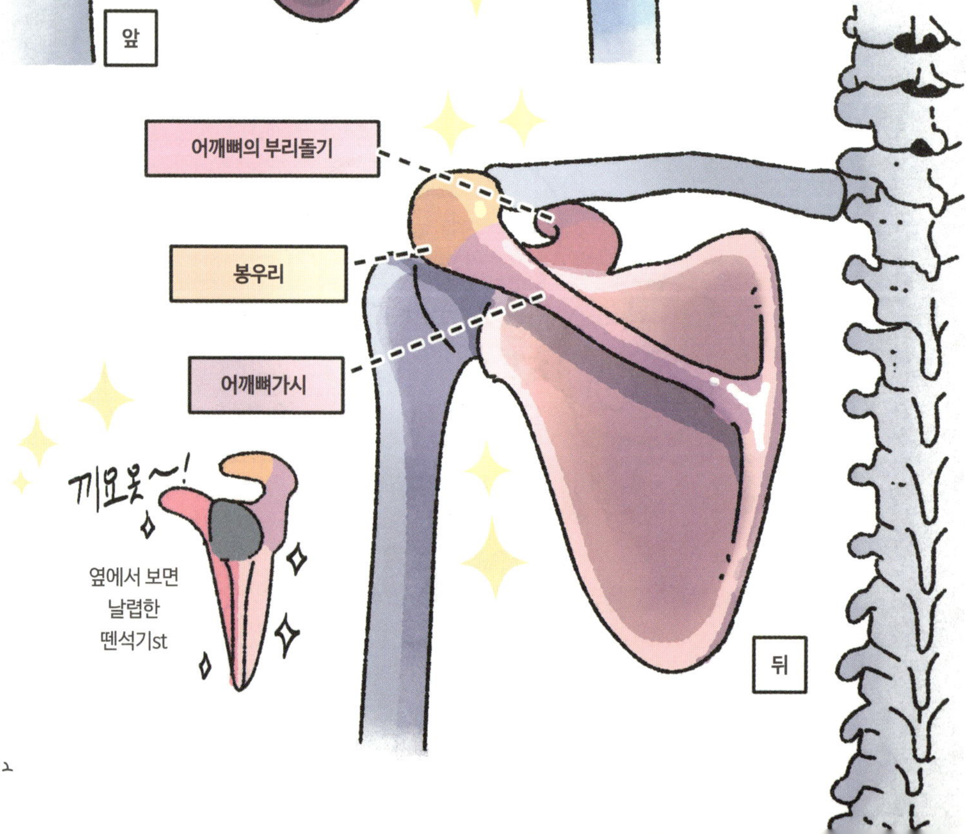

- 어깨뼈의 부리돌기
- 봉우리
- 어깨뼈가시

끼요옹~!

옆에서 보면 날렵한 뗀석기st

뒤

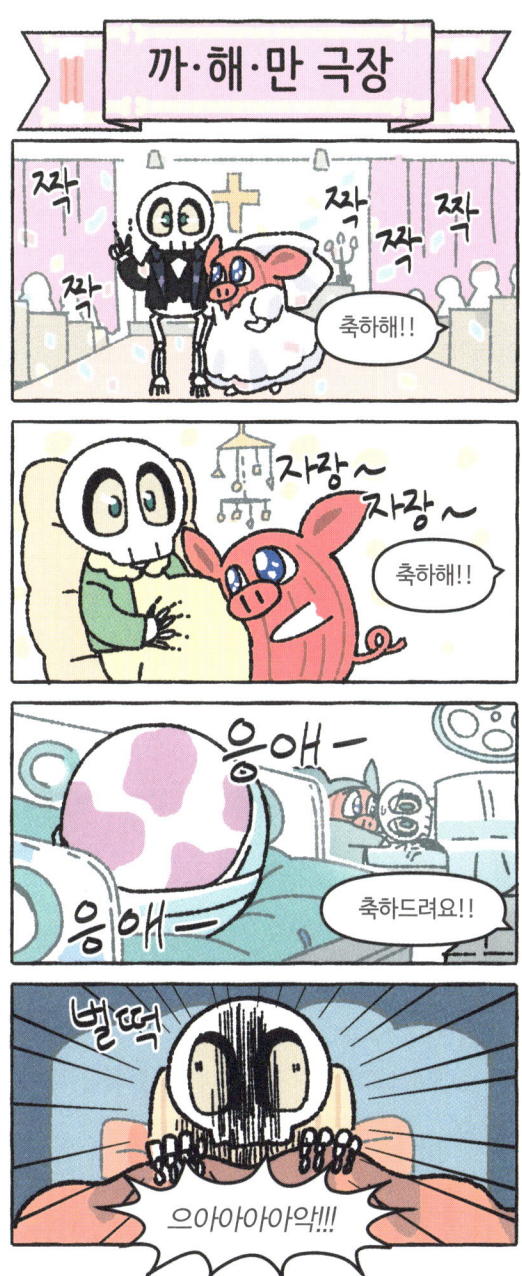

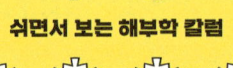

Flex하는 데 돈을 다 썼어~

사치품을 지르거나 돈 자랑을 할 때 "Flex했다"고 표현하곤 합니다.(자의 반 타의 반으로) 돈 자랑보다 근(筋) 자랑을 추구하는 저는 그저 근육에 의한 관절의 움직임 중 하나인 굽힘(flexion, 줄여서 flex)만 생각하며 대체 이게 무슨 뜻인가 갸웃했더랍니다.

인체는 '굽힘'을 포함해 근육을 움직이고 힘을 쓸 때 '에너지'를 사용하는데, 그 '에너지'가 많이들 들어본 ATP(아데노신삼인산, Adenosine triphosphate)입니다.[프로테니스협회(Association of Tennis Professionals) 아님]

ATP는 정확히는 에너지 그 자체라기보다 '에너지를 공급하는 유기화합물'이지만, 아무튼요.

이 ATP를 잘 설명하기 위해 흔히 사용하는 비유가 '화폐'인데, 그래서 ATP는 '에너지 화폐'라고 불립니다.

(ATP를 삥 뜯기는 현장)

골다공증 걸린 뼈처럼 가벼운 통장 걱정에 Flex와 거리를 두던 분들도, 몸을 많이 움직여 ATP를 사용하면 'Flex에 돈 쓰는' 기분을 맛볼 수 있습니다. 더군다나 에너지 화폐는 전부 써버려도 다시 충전되니 파산 걱정도 없고, 몸이 좋아지는 건 덤입니다.

뼈는 생각보다 여러 가지 일을 한다.

그중에서도 특히 '보호'에 특화된 개성 넘치는 뼈가 있는데…

머리뼈의 주 기능은 뭐니 뭐니 해도 '뇌 보호'다.

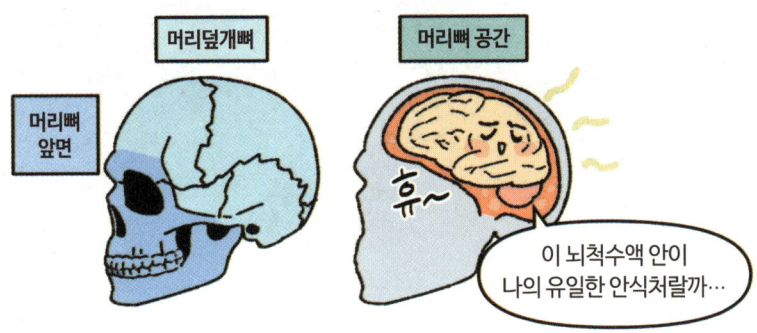

보통 뼈는 말랑한 연골이 단단해지며 성장하지만
뇌머리뼈는 뇌를 덮고 있는 '막'이 단단해져 뼈가 된다.

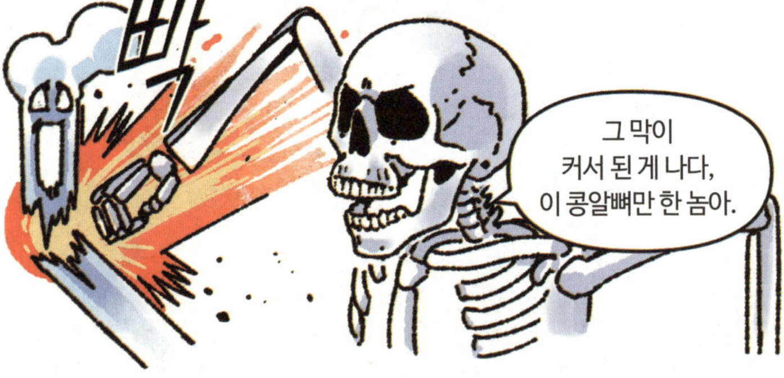

이 막은 임신 2개월 즈음 안에서부터 단단해져 머리뼈다운
모양을 갖추지만, 뇌를 완전히 덮지 않고 '틈'을 남긴다.

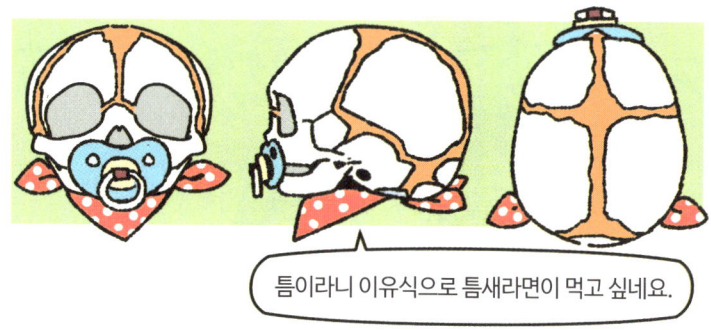

이것이 바로 육아해본 사람은 다 안다는 일명 '숨구멍'으로

정말 여기로 숨을 쉬는 건 아니고, 뇌의 성장에 맞춰
자라기 위한 여유공간 같은 것이다.

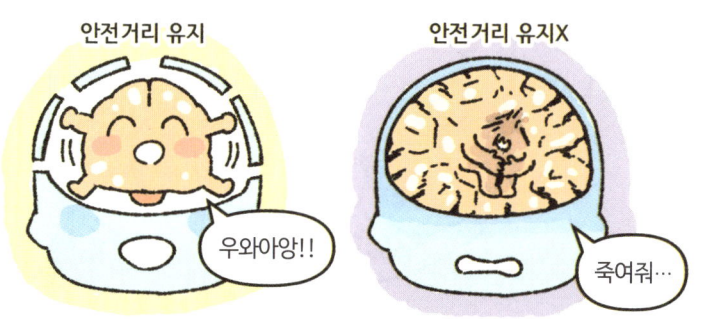

생후 16개월 즈음이 되면 숫구멍이 메꿔진다.

이 지그재그 모양의 돌출부가 양쪽에서 완벽하게 맞물리며
뇌척수액 샐 틈 없는 뚝배기가 완성되는 것이다.

이렇게 완성된 머리뼈는 뇌를 완벽하게 보호···

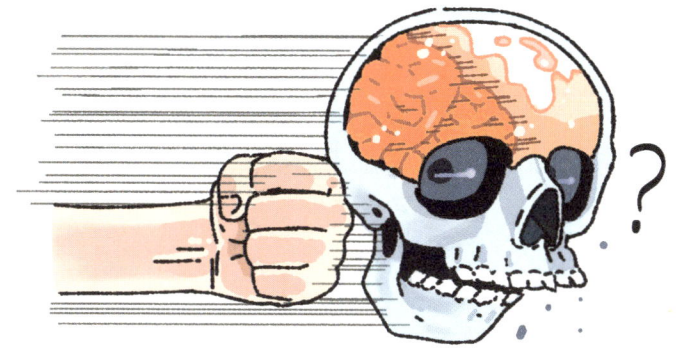

···하지 못한다.

밖에서 오는 충격은 막아주지만, 그 진동으로인해 뇌와 뼈가 부딪히며 생기는 충격에는 답이 없기 때문이다.

머리뼈는 완벽하지 않다.

인간처럼 단단한 머리뼈에 부드러운 뇌를 가진 딱따구리는
하루 최대 1만 2천 번 헤드뱅잉을 해도 뇌가 멀쩡한데

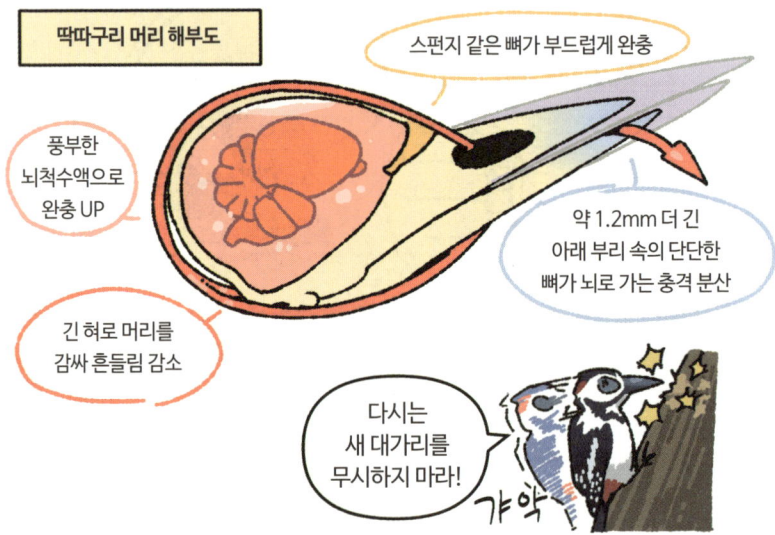

이런 딱따구리의 해부학적 구조와 여러 요인을 분석해
인간의 불완전한 머리뼈를 보완하려는 시도를 하고 있다.

주로 헬멧류

그런데 최근
딱따구리의 뇌도
사실 손상됐을지
모른다는 연구 결과가 나왔다.

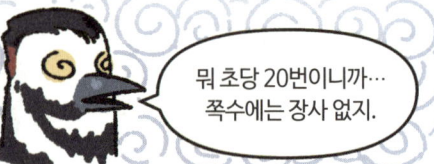

까면서 보는 머리

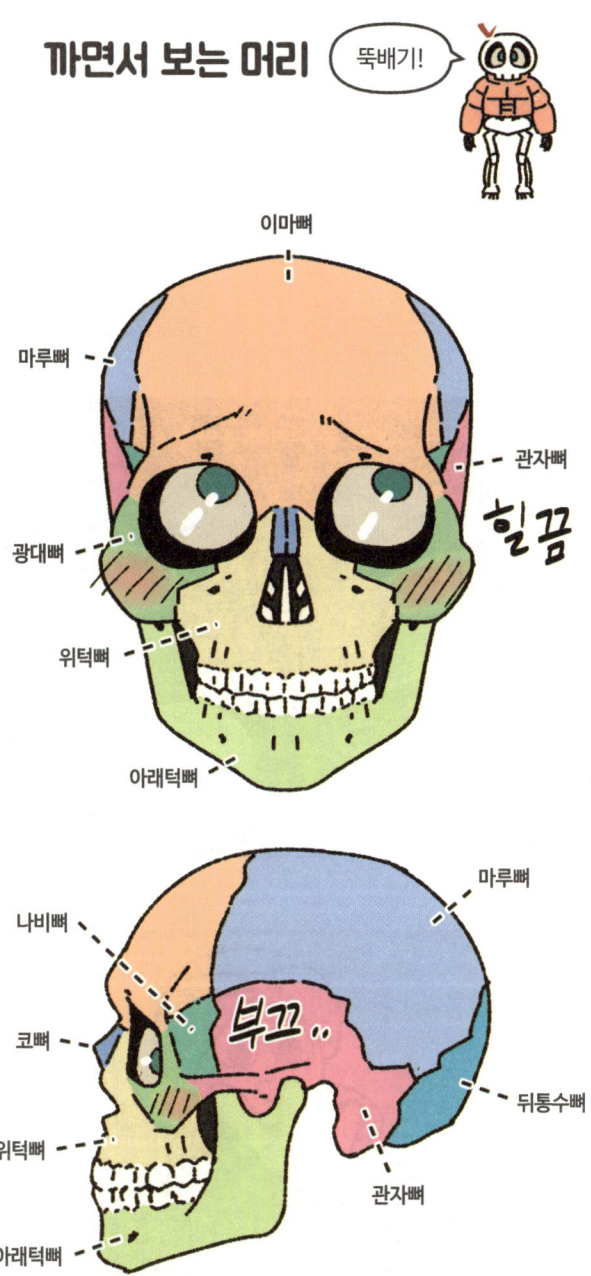

쉬면서 보는 해부학 칼럼

내 머릿속의 공룡

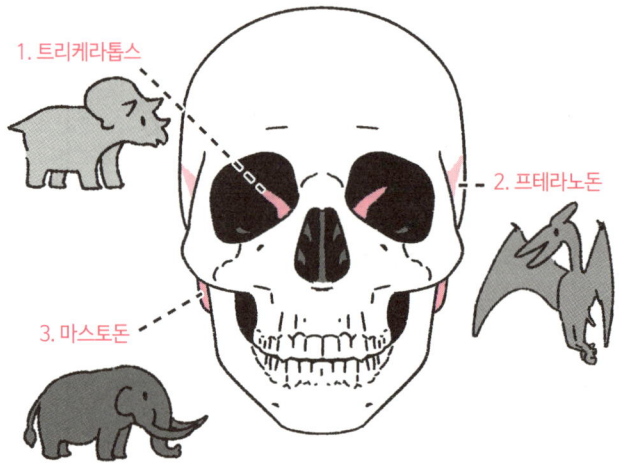

1. 시각신경관(Optic Canal)은 그리스어 '볼 수 있는'에서 유래된 단어인데 여기에서 뻗어 나온 말 중 하나가 세뿔돼지, 트리케라톱스입니다.

트리케라톱스(Triceratops)
Three+Cerato(뿔)+Opus(눈 or 얼굴)
=눈 옆에 뿔이 셋인 공룡

2. 나비뼈 날개돌기(Pterygoid Process)는 익룡 프테라노돈(Pteranodon), 시조새(Archaeopteryx)와 같은 어원이고

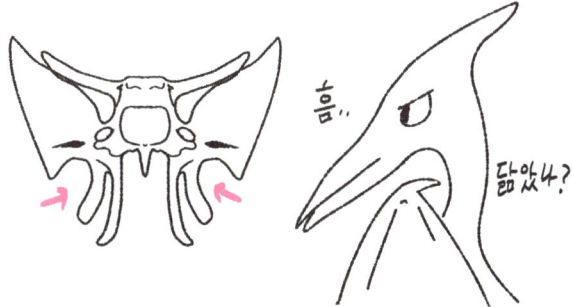

3. 톡 튀어나와 있어서 그리스어 유방, 유두(Masto)가 이름에 붙은 꼭지돌기(Mastoid Process)처럼, 신생대에 살았던 거대 코끼리 마스토돈은 어금니에 튀어나온 돌기에서 그 이름을 땄습니다.

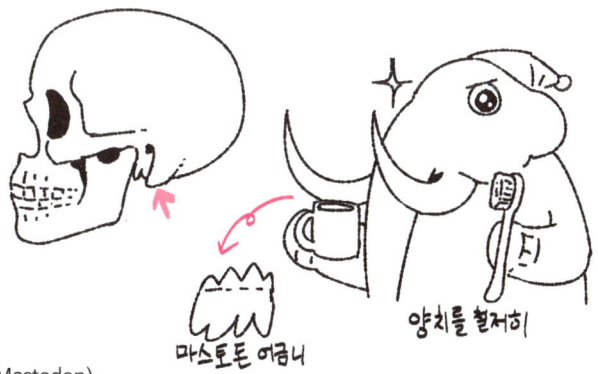

마스토돈(Mastodon)
Masto(유방)+Odont(이빨)
=유두처럼 튀어나온 이빨을 가진 공룡

제법 알려진 해부학 단어 '햄스트링'…

게르만어에서 유래한 허벅지살(ham)과 끈(string)을 합친
'허벅지살의 끈'이라는 단어로

허벅지 근육 단면도

처음에는 일부 허벅지 근육의 '힘줄'을 의미했지만
지금은 '허벅지 근육'의 한 부분을 의미하는 말이 되었다.

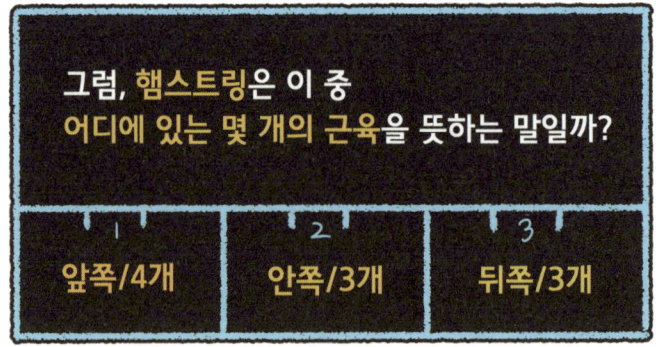

그럼, 햄스트링은 이 중
어디에 있는 몇 개의 근육을 뜻하는 말일까?

1	2	3
앞쪽/4개	안쪽/3개	뒤쪽/3개

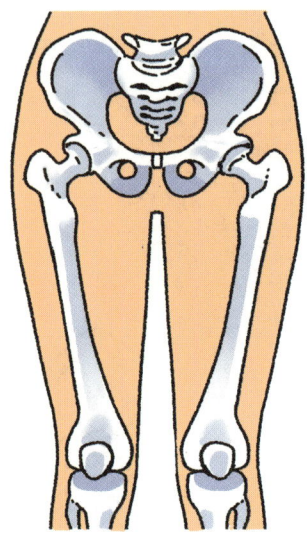

'넙다리뼈'는 곧게 뻗은 허벅지 안에 상단부가 꺾인 형태로 비스듬히 자리 잡고 있다.

약간 X 자처럼 보이는 거시야요…

골반뼈 머리와 골반이 만나는 '엉덩관절'은

인대로 튼튼하게 연결되어 있어
활동 시의 충격을 충분히 감당할 수 있다.

넙다리뼈 위에 붙어 있는 허벅지 근육은 크게 세 구역으로 나뉘는데,
뼈를 기준으로 앞쪽은 대퇴사두근(넙다리네갈래근)이 자리 잡고 있다.

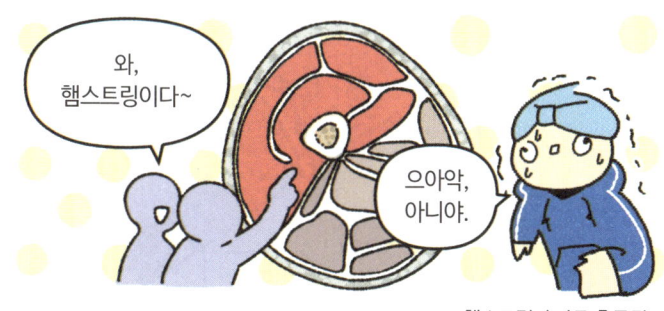

*햄스트링과 자주 혼동됨.

이름만 보면 '위팔두갈래근'처럼 머리가 4개인 하나의 근육 같지만,
각각 다른 4가지 근육을 묶어서 부르는 명칭일 뿐이다.

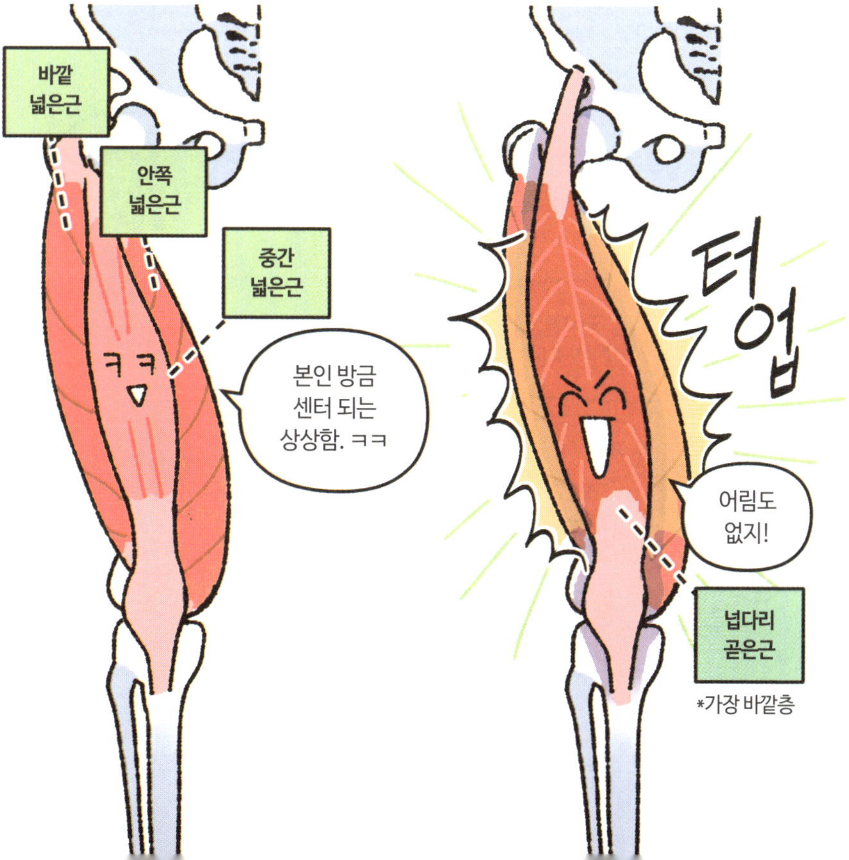

바깥넓은근
안쪽넓은근
중간넓은근
넙다리곧은근

본인 방금 센터 되는 상상함. ㅋㅋ

어림도 없지!

*가장 바깥층

보통 살로 덮여 있지만 보디빌더의 다리에서는 확실하게 볼 수 있다.

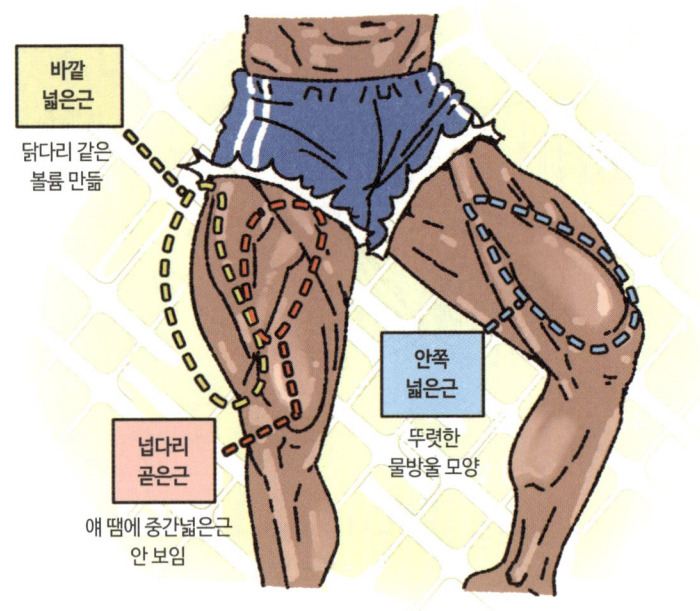

이 중 넙다리곧은근은 뻣뻣할 경우 무릎뼈에 문제가 없는데도 무릎 통증을 유발하는 '슬개대퇴동통증후군'을 일으키기도 한다.

넙다리뼈의 안쪽도 햄스트링은 아니다.
그 대신 다리를 안쪽으로 모아주는 '모음근'들이 자리 잡고 있다.

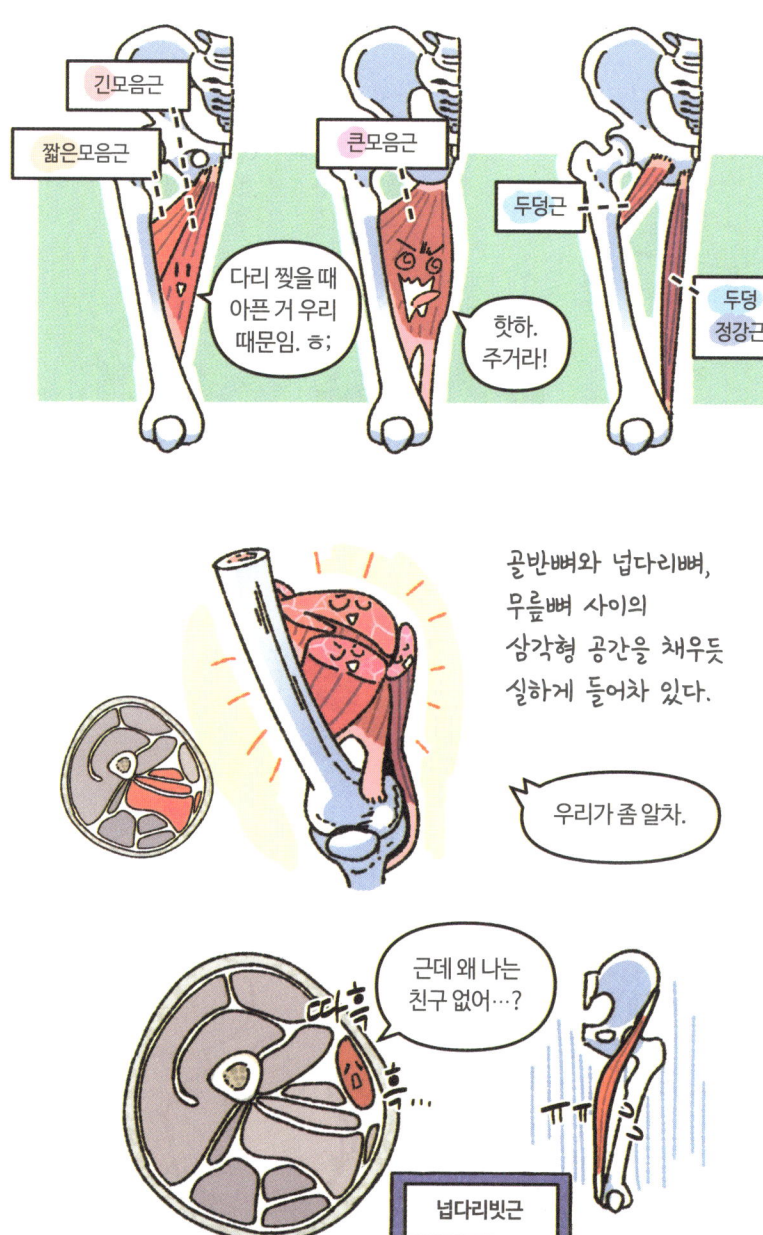

골반뼈와 넙다리뼈,
무릎뼈 사이의
삼각형 공간을 채우듯
실하게 들어차 있다.

어떤 곳에도 속하지 않은 '넙다리빗근'은 골반부터
무릎 안쪽으로 이어지며 하체의 여러 운동을 섬세하게 조절한다.

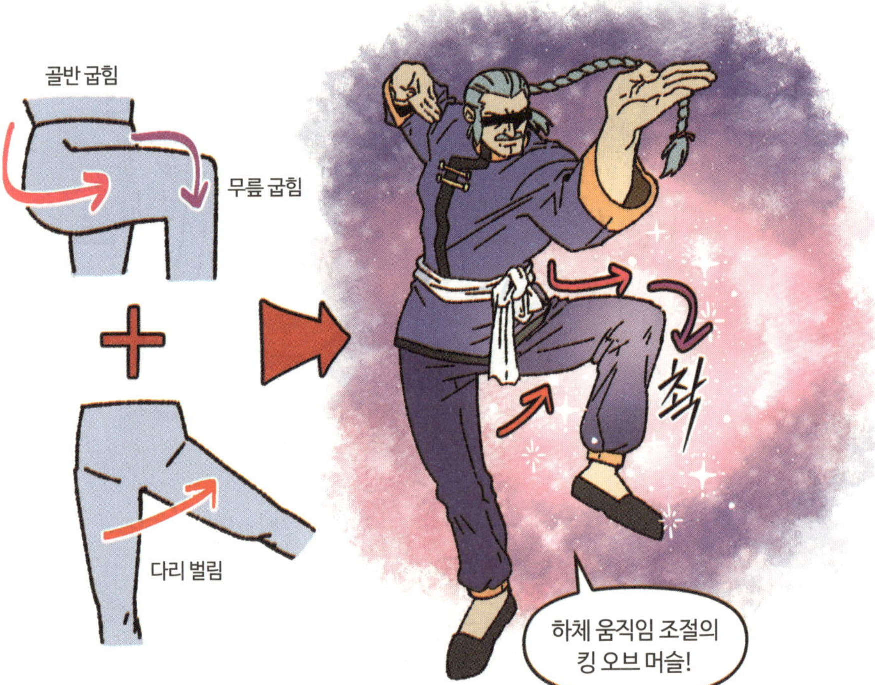

넙다리빗근이 끝나는 부분은 두덩정강근, 반힘줄근과 함께
거위 발 같은 모양을 이룬다고 해서 '거위발힘줄'로 불린다.

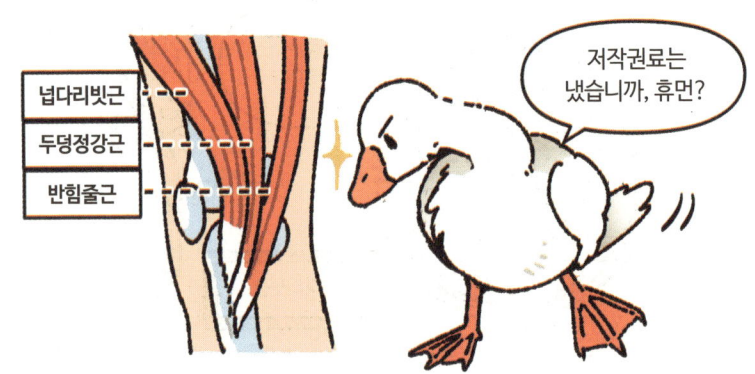

대망의 햄스트링은 뒤쪽에 있다.

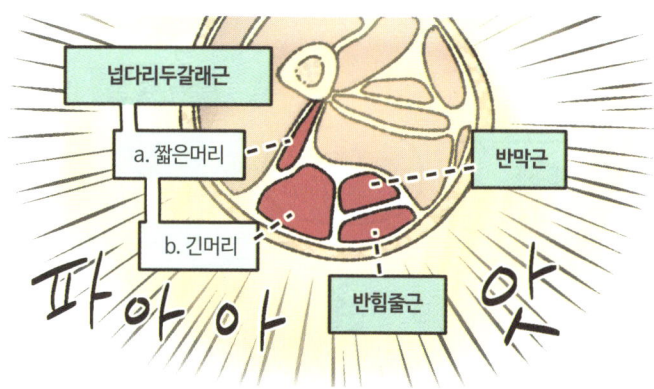

햄스트링이 가장 유명하지만
사실 주로 발달한 건 앞쪽의 넙다리네갈래근이다.

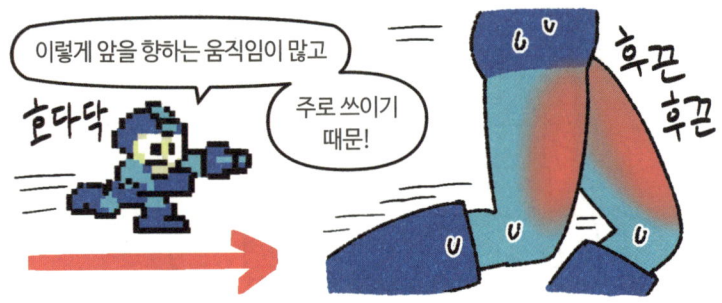

이 때문에 몸의 밸런스를 맞추기 위해
반대로 움직이는 뒤쪽의 햄스트링을 강조하는 것이다.

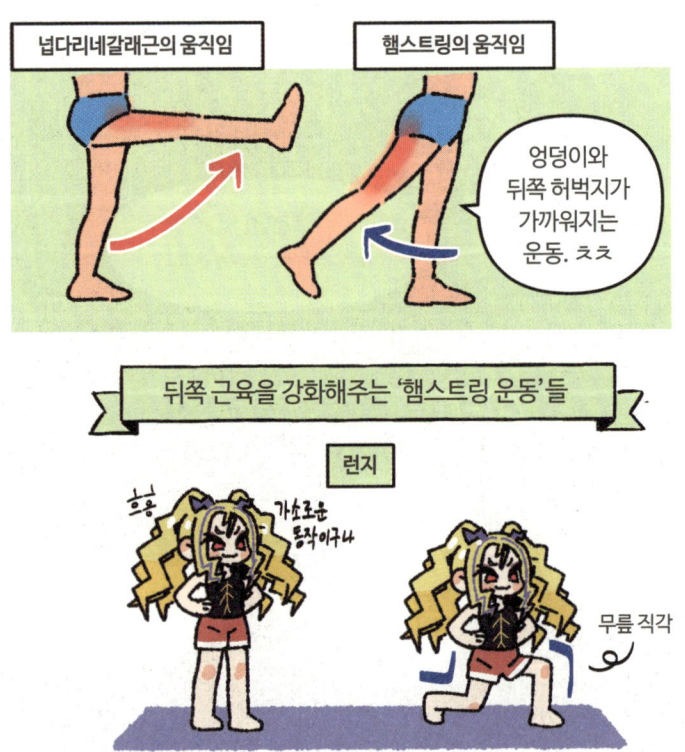

덩키킥

손바닥으로
바닥을 꾹 밀며

불가리안 스플릿 스쿼트

조금
짜릿한데?

힙브릿지

가슴-배-골반이
일자가 되도록

모음근 운동도 같이 하면 더 좋다.

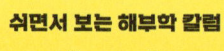
쉬면서 보는 해부학 칼럼

큰 근육엔 큰 스트레칭이 따른다

허벅지 근육은 큽니다. 몸에서 가장 긴 근육(넙다리빗근)과 두 번째로 긴 근육(두덩정강근)도 허벅지의 근육이니까요. 애초에 허벅지의 뼈대인 넙다리뼈가 몸에서 가장 큰 뼈이니 말 다한 거죠.

허벅지 근육은 위치와 크기로 인해 인간이 하는 많은 동작에 큰 영향을 주지만, 어깨나 목에 비해 스트레칭과 마사지를 잘 안 하는 곳이기도 합니다. 혹시 어떤 동작이 잘 안 된다면, 허벅지의 앞면과 뒷면을 충분히 움직일 수 있게 만들고 다시 시도해보세요.

(사실 다 아는, 특별할 거 없는 동작입니다.)

● **허벅지 앞면 스트레칭**

움직일 수 있는 한계를 천천히 갱신한다는 느낌으로 해보세요.

*허리가 너무 뒤로 꺾이지 않게 조심!

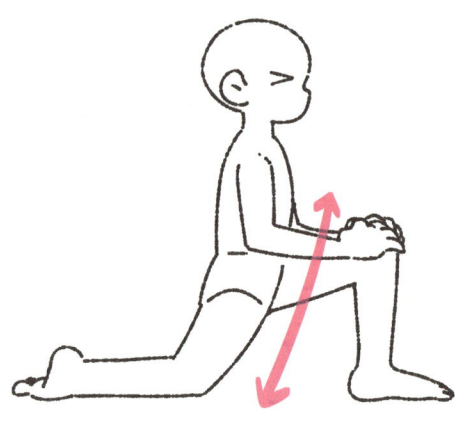

● **허벅지 뒷면 스트레칭**

반동 없이 호흡을 깊이 내쉬며 천천히 내려가고, 크게 호흡하며 손끝을 땅에 가까워지도록 뻗어보세요. 이미 손바닥이 닿았다면 충분합니다!

*허벅지뿐만 아니라 종아리 등 하체의 전반적인 근육이 함께 스트레칭됩니다.

*통증이나 저림 증상이 있다면 아프지 않을 때까지만 살살!

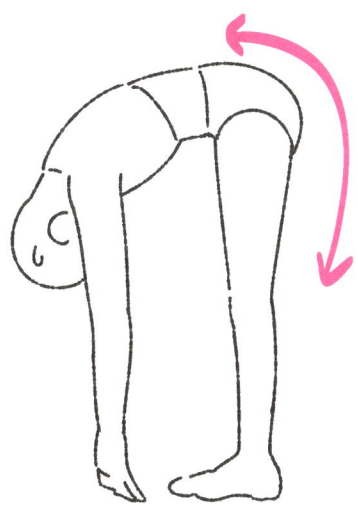

몸을 지탱하는 기둥인 척주…

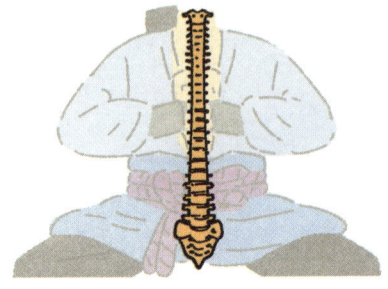

그중에서도 '허리뼈'는 위에서부터 내려오는 무게를 견디기 위해 큰 몸통과 왕관 같은 모양의 돌기를 가지고 있다.

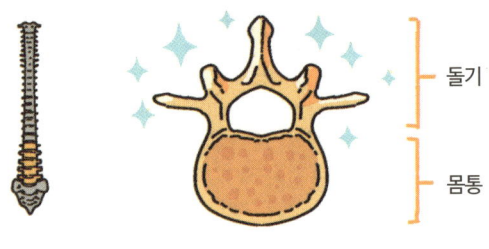

그리고…

"왕관을 쓰려는 자"

"그 무게를 견뎌라…"

9화

Thanks for the sacrifice of the spine

친절한 척추씨
: 허리

인간의 척주는 지그재그로 번갈아가며 굽어 있다.

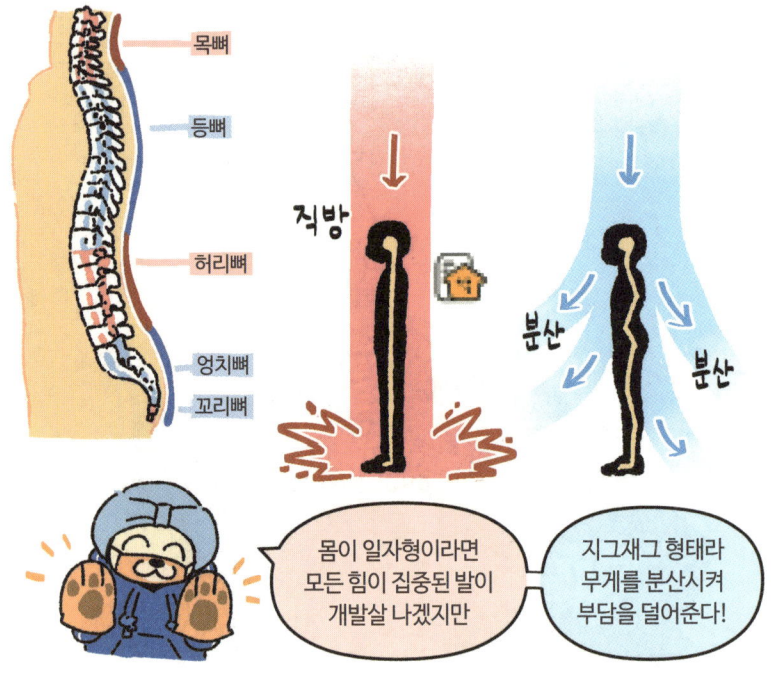

아기의 척주는 처음에 한 방향으로만 굽어 있다가
움직이기 시작하면서 목과 허리가 반대 방향으로 굽는데

주로 이 부위가 평생 고통받는다.

척주는 뇌에서부터 내려오는 척수신경을 보호하는데

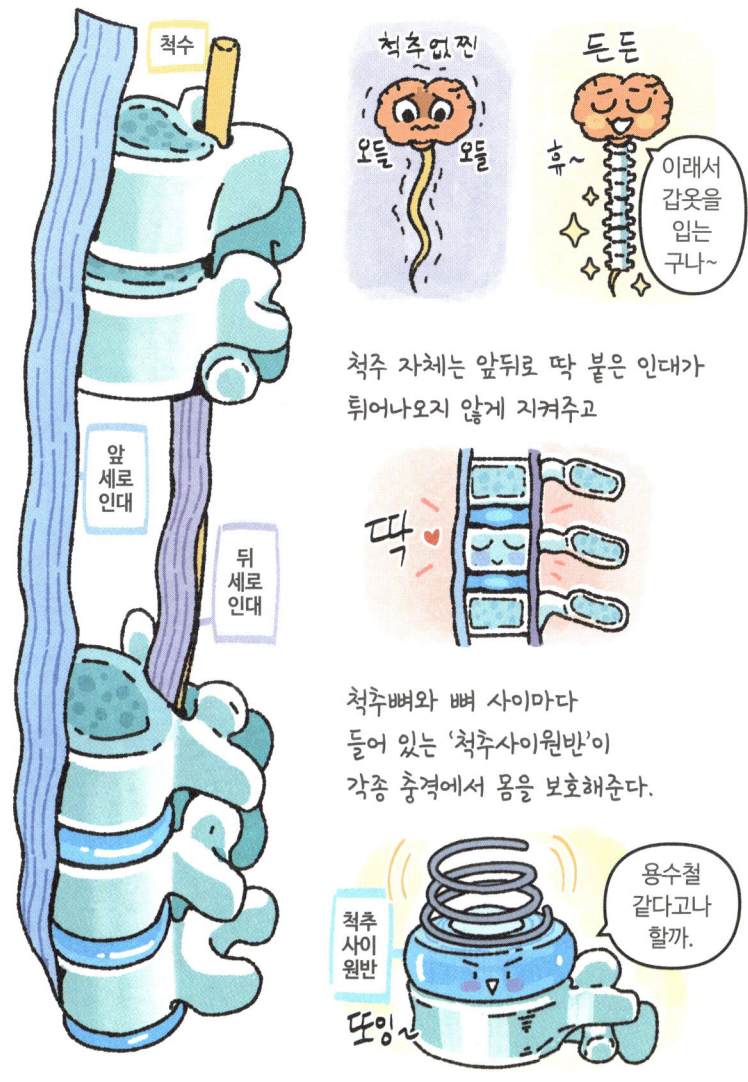

척주 자체는 앞뒤로 딱 붙은 인대가
튀어나오지 않게 지켜주고

척추뼈와 뼈 사이마다
들어 있는 '척추사이원반'이
각종 충격에서 몸을 보호해준다.

이런 조력자들이 있음에도 불구하고 척주, 특히 허리뼈는
큰 부하를 견디는 동시에 활동적인 상체와 하체를 안정적으로
연결해야 하기 때문에 크고 작은 문제가 생기곤 한다.

'허리의 문제' 하면 우리가 가장 먼저 떠올리는 게 디스크, 정확히는 '추간판 탈출증'이다.

이것이 흔히 알려진 '디스크 통증'이다.
허리에 있는 척추사이원반이 옆에 있는 신경을 눌러
허리 아래가 아파지는 것이다.

*정확히는 척추사이원반 자체가 아니라 안의 '수핵'이 터져 나와 누른 것.
**수핵: 디스크 내의 탄력 있는 젤리 같은 부분. 대부분 수분으로 이뤄짐.

하지만 원반이 터져도 신경을 건드리지만 않는다면
통증이 발생하지 않을 수 있다.

그래서 엑스레이로 허리사이원반 탈출 증후군이 나왔다 해도
그것이 허리 통증의 원인이라고 섣불리 단정 짓지 않는 편이 좋다.

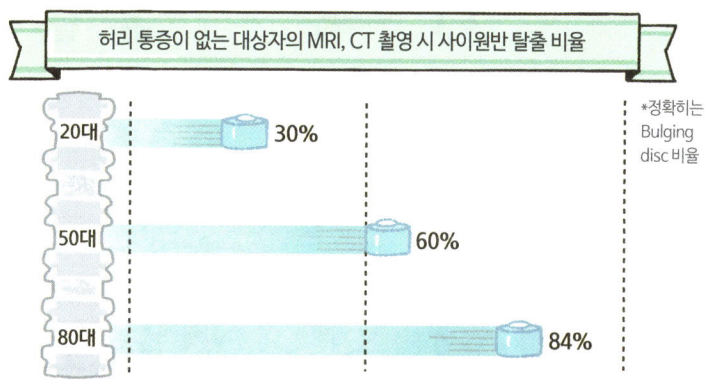

*Systematic literature review of imaging features of spinal degeneration in asymptomatic populations (Brinjikji, et al. AJNR Am J neuroradial. 2014 Nov)

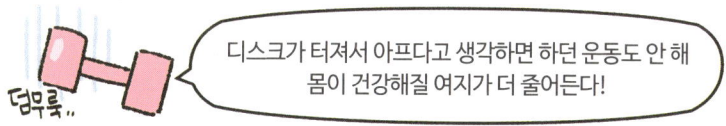

일상에서 겪는 허리 통증은 허리뼈 자체의 문제라기보다
허리 근육과 인대의 문제인 경우가 생각보다 많다.

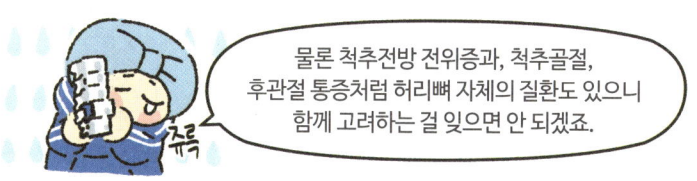

가장 쉽게 접할 수 있는
허리 통증은
'허리 네모근'의
긴장으로
인한 것이다.

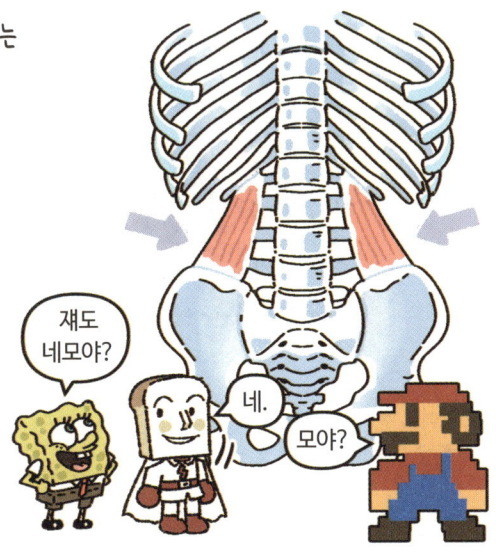

주로 무거운 짐을 '허리로 지지하며' 든 상태로
몸통을 회전시킬 때 발생한다.

무거운 것을 들 때 허리 힘이 아닌 하체 힘 위주로 들면
이런 불상사를 예방할 수 있다.

때로는 엉덩이 근육의 통증을 허리 통증으로 착각하는 경우도 있다.

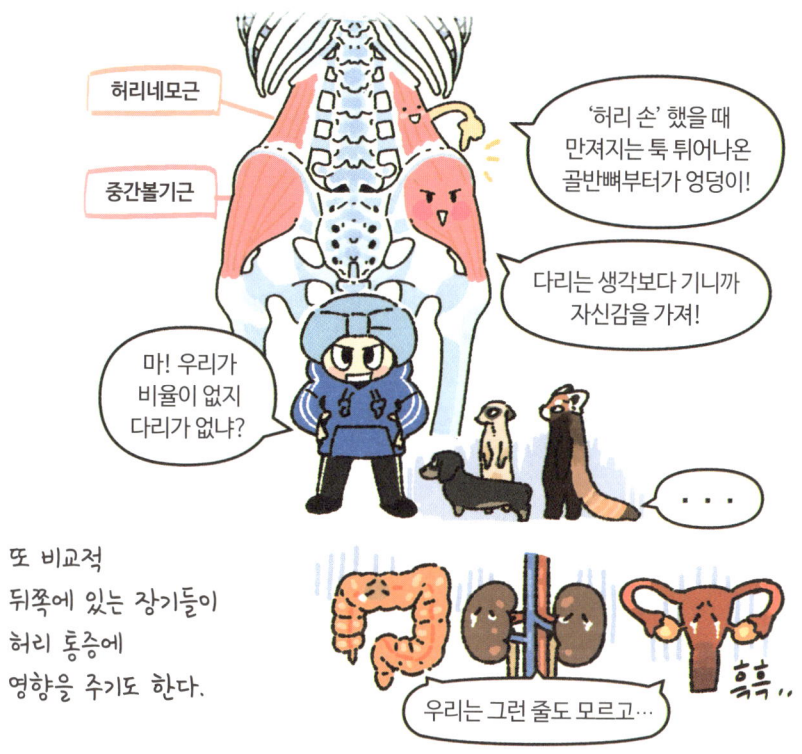

또 비교적
뒤쪽에 있는 장기들이
허리 통증에
영향을 주기도 한다.

허리 통증의 원인이 다양함에도 불구하고
일단 '디스코'부터 떠오르는 것은 오늘도 열일 중인
허리뼈와 척추사이원반에게 억울한 일이 아닐 수 없다.

척추는 (뚠뚠) 오늘도 (뚠뚠) 열심히 일을 하네 (뚠뚠)

척추는 아무 말도 하지 않지만 수핵을 살짝 흘리면서
매일매일을 살기 위해서 열심히 일을 하네

척추는 (뚠뚠) 오늘도 (뚠뚠) 열심히 일을 하네 (뚠뚠)

쉬면서 보는 해부학 칼럼

허리 통증, 의외의 복(腹)병

허리가 아픈 원인은 다양해서 영향을 끼치는 요소가 꼭 허리에만 있지는 않습니다. 그중 하나가 허리의 반대편에 있다고 볼 수 있는 '배의 근육'입니다. 배의 근육이 잘 잡아주지 않으면 허리가 과하게 뒤로 꺾일 여지가 있기 때문이죠. 배의 근육이 약해지면 비단 허리뿐 아니라 등에도 영향을 끼칠 수 있습니다. 배의 근육은 간지는 물론 생활에도 도움이 되는 실용적인 근육인 것입니다.(빨래도 할 수 있고요.)

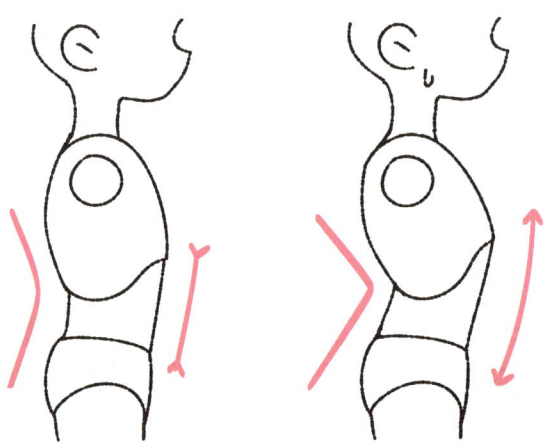

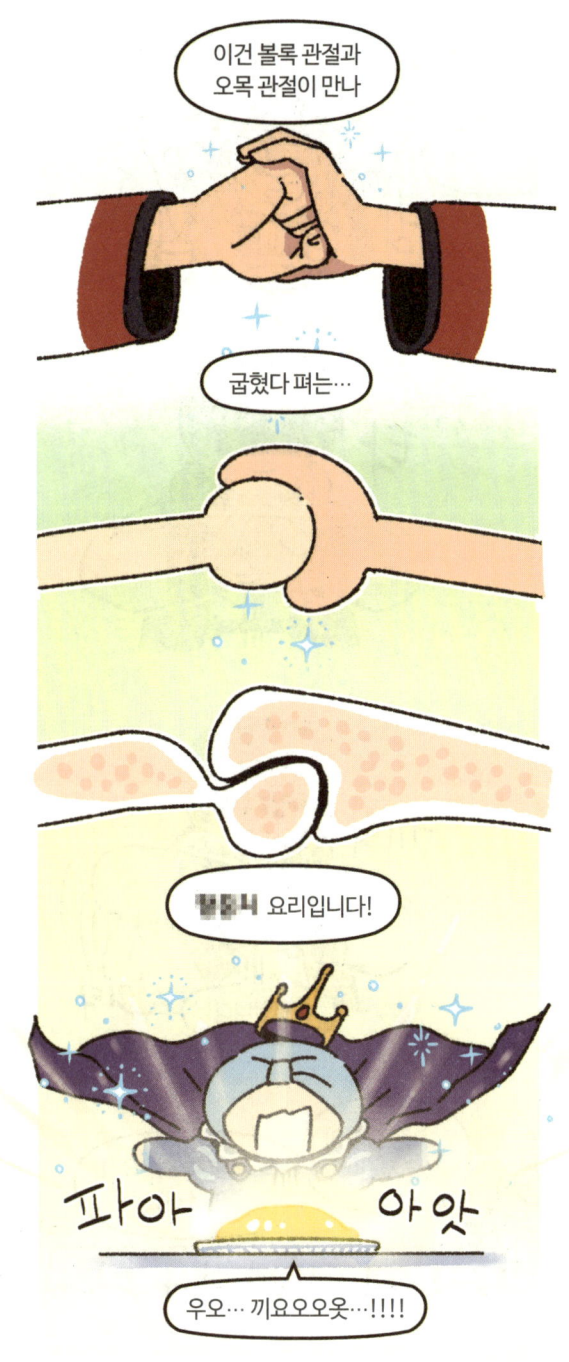

이 요리는 족발, 정확히는 '앞다리' 족발이다.

인간의 팔꿈치 관절도 앞다리 족발처럼 볼록한 뼈와 오목한 뼈가 만나는 형태인데

이 볼록한 뼈 부분을 활차(도르래)라 부른다.

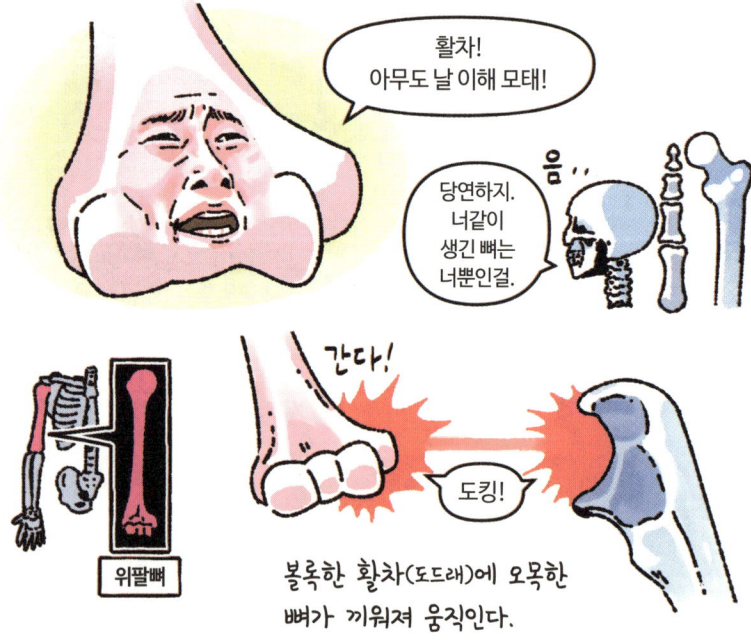

볼록한 활차(도드래)에 오목한 뼈가 끼워져 움직인다.

오목한 뼈는 아래팔에 있는 2개의 뼈 중
'자뼈'의 머리 부분이다.

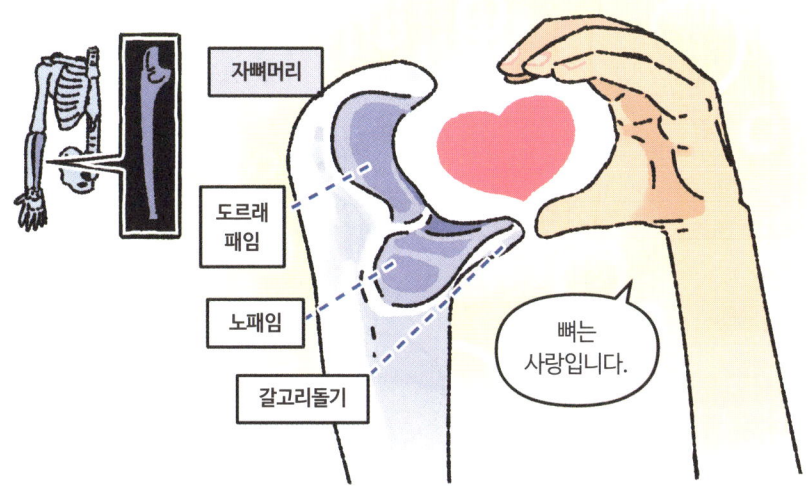

자뼈의 옛 이름은 '척골(尺骨)'인데, 척(尺)은 손가락을 펼쳐
길이를 재는 모양을 뜻하고, 척의 상형문자는
옛날 길이의 단위인 '발바닥'을 뜻했다고 한다.

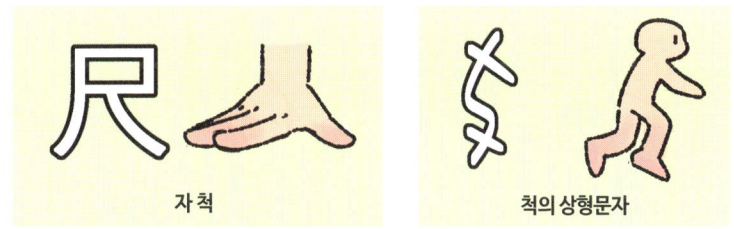

자 척　　　　　　　　　척의 상형문자

손목부터 팔꿈치까지의 길이는 발바닥 길이와 같다!

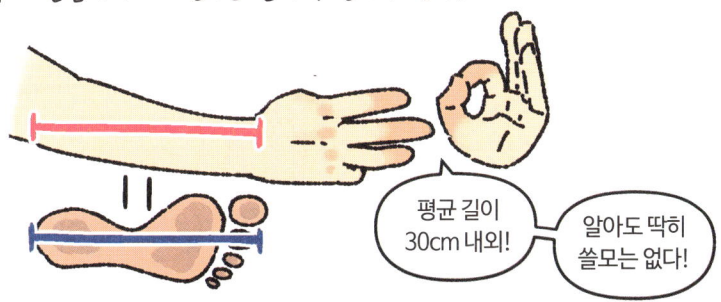

자뼈 옆에는 노뼈가 자리 잡고 있다.

노뼈는 고리 모양 인대로 자뼈에 붙어 있는데,
아직 근육과 인대가 튼튼하지 못한 어린아이의 팔이 세게 당겨지면
고리 모양 인대에서 빠지는 일이 일어나기도 한다.

참고로 '이론상' 노뼈가 빠져도 팔을 굽혔다 펼 수는 있다.
위팔뼈의 도르래와 자뼈 머리만 하는 일이기 때문이다

노뼈는 손목을 돌릴 때 일한다.

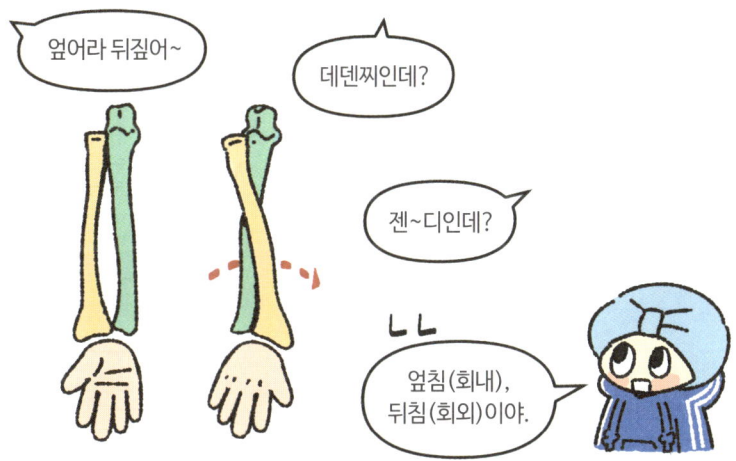

노뼈가 가만히 있는 자뼈를 타고 넘어가는 것이 '엎침'으로,
노뼈는 휘어 있기 때문에 서로 부딪히지 않는다.

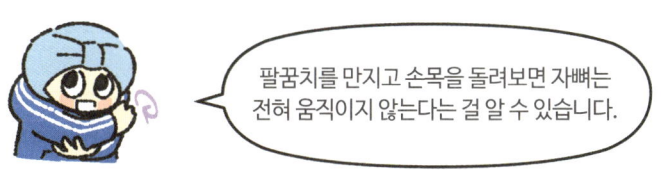

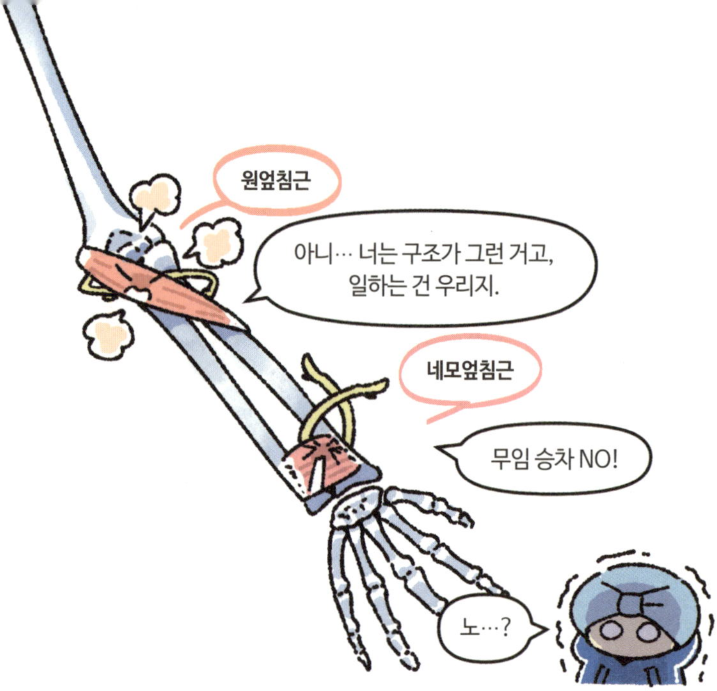

원엎침근

아니… 너는 구조가 그런 거고, 일하는 건 우리지.

네모엎침근

무임 승차 NO!

노…?

두 근육이 수축하며 근육의 부착부위끼리 가깝게 만들어 엎침 동작을 만든다.

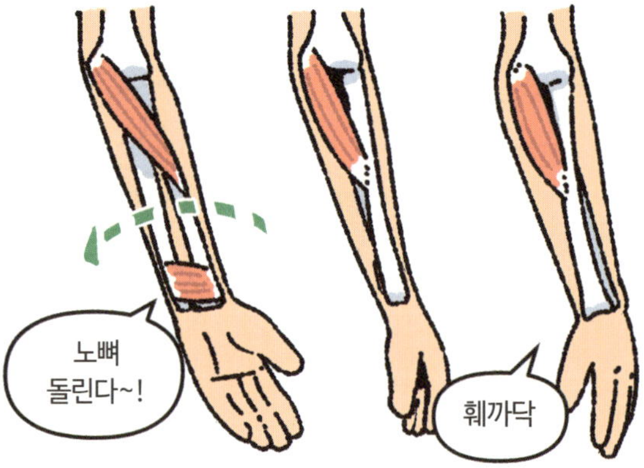

노뼈 돌린다~!

훼까닥

한편, 원엎침근과 관계가 깊은 손목굽힘근들은 팔꿈치 안쪽부터 함께 붙어 있다.

노쪽손목 굽힘근

원엎침근

깊♥은♥관♥계

이 팔꿈치 안쪽에 발생하는 통증이
흔히 말하는 '골프 엘보'다.

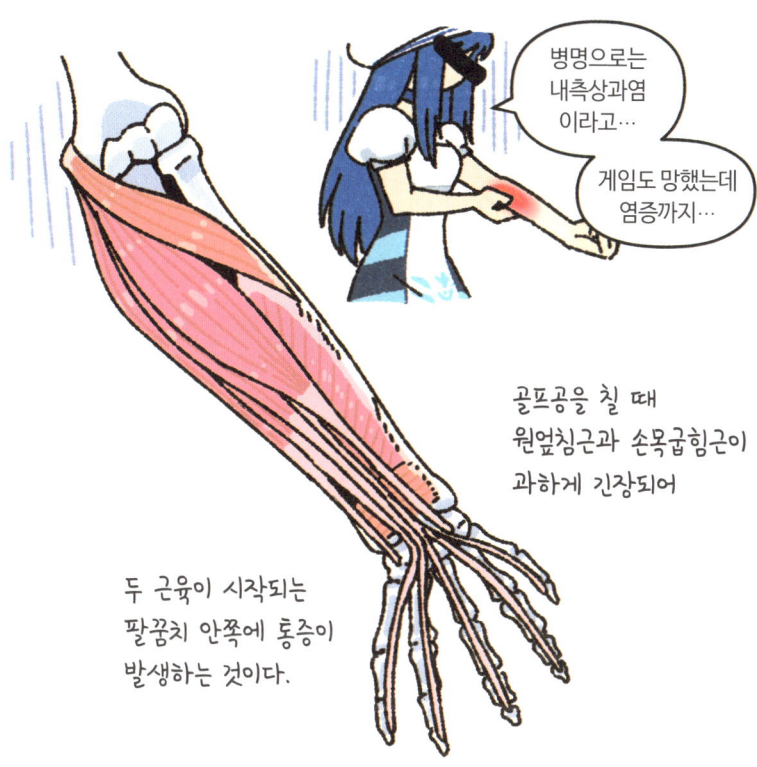

병명으로는
내측상과염
이라고…

게임도 망했는데
염증까지…

골프공을 칠 때
원엎침근과 손목굽힘근이
과하게 긴장되어

두 근육이 시작되는
팔꿈치 안쪽에 통증이
발생하는 것이다.

주로 공을 잘못 때리는 초급자나, 반복된 동작으로
피로가 누적된 사람에게 나타난다.

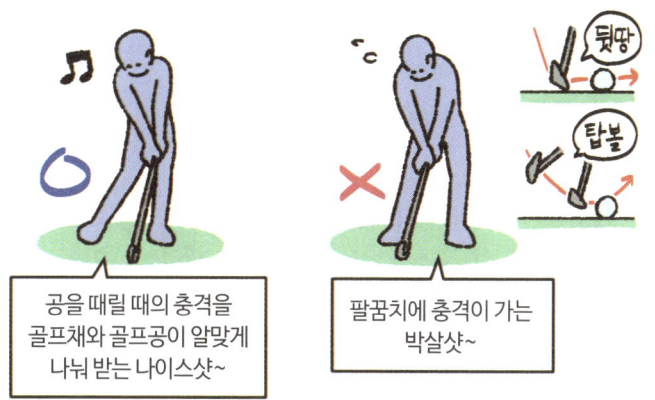

공을 때릴 때의 충격을
골프채와 골프공이 알맞게
나눠 받는 나이스샷~

팔꿈치에 충격이 가는
박살샷~

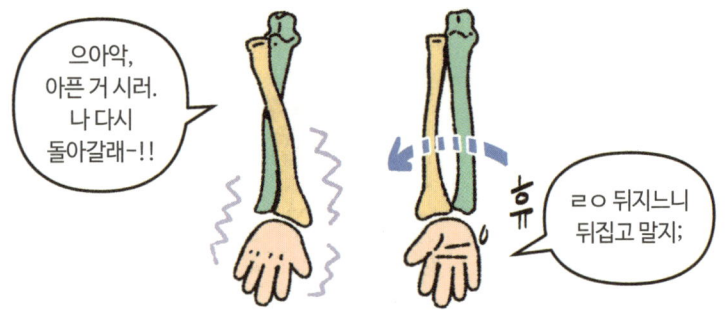

이것이 '뒤침'이다. 노뼈가 다시 척골을 타고 움직여
두 뼈의 X 자 모양이 ll 자 모양으로 돌아온다.

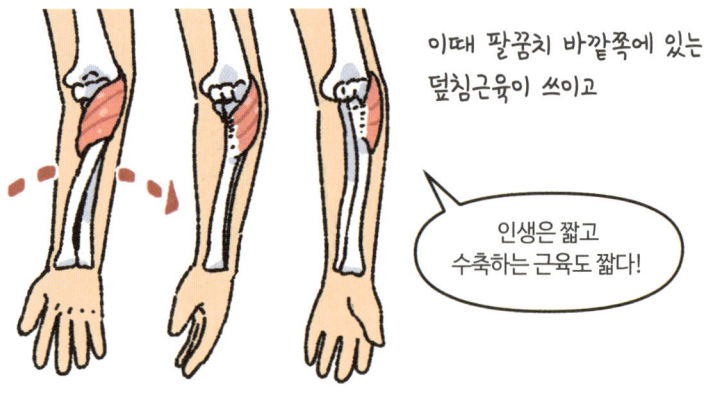

이때 팔꿈치 바깥쪽에 있는
덮침근육이 쓰이고

뒤침근육과 관계가 깊은 폄근들이
팔꿈치 바깥쪽에서 함께 시작되는데···

이곳에 통증이 생기는 것이 골프 엘보보다 흔한 '테니스 엘보'다.

이걸 못 피했네.

병명으로는 '외측상과염' 이라고 한다.

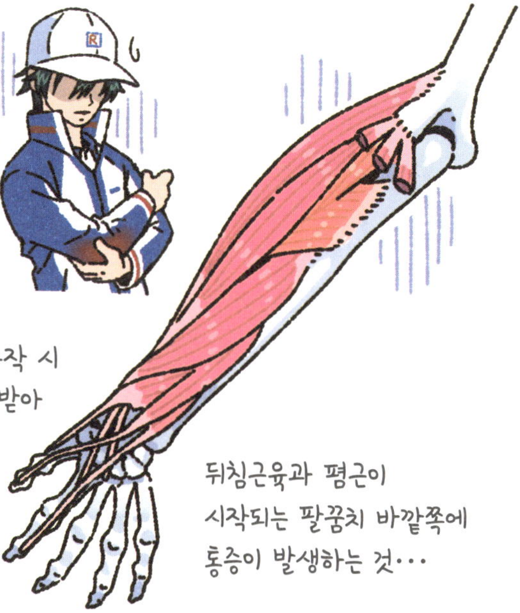

테니스의 백핸드 동작 시 지속적으로 충격을 받아

뒤침근육과 폄근이 시작되는 팔꿈치 바깥쪽에 통증이 발생하는 것···

공 치지 마! ㅅㅂ 치지 마! 성질 뻗쳐서 정말!!

*위팔노근과 긴노쪽손목폄근은 부상이 흔하다.

···이라고 하지만 테니스를 하지 않는 사람이 더 많이 앓고 있다.

주로 엎침+폄 동작을 반복하는 사람

미끌 / 마감 / 가사노동

이래서 암흑 요리계가 탄생한 거구나···

팔꿈치의 통증은 대부분 '과사용으로 인한 손상'이나 나이가 들며 발생하는 '퇴행성 질환'이다.

여건이 되는 한 아껴주자.

까면서 보는 팔

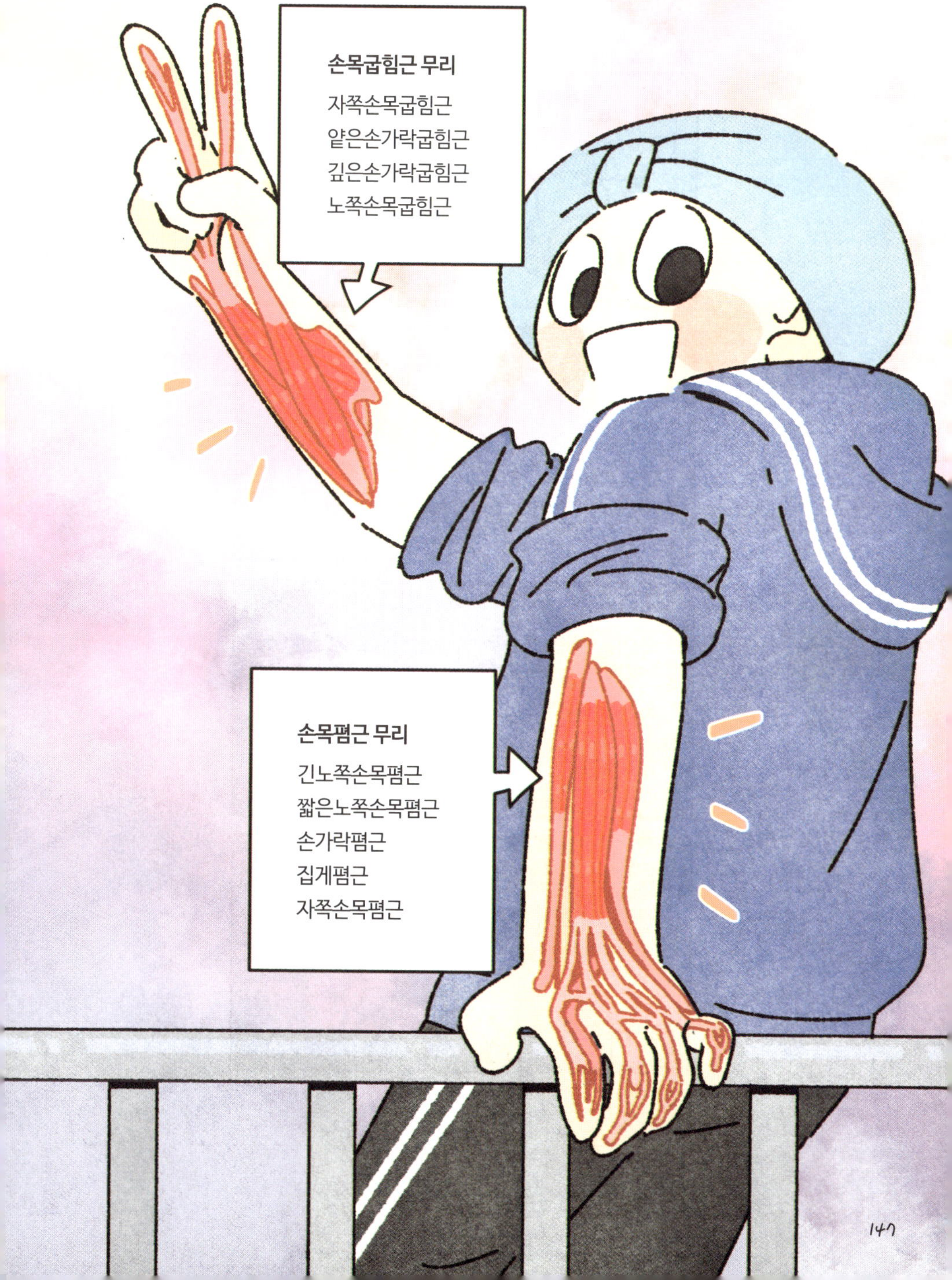

손목굽힘근 무리

자쪽손목굽힘근
얕은손가락굽힘근
깊은손가락굽힘근
노쪽손목굽힘근

손목폄근 무리

긴노쪽손목폄근
짧은노쪽손목폄근
손가락폄근
집게폄근
자쪽손목폄근

*횡문근융해증: 근육이 파괴되어 생긴 독성물질이 신장 기능을 저하시키는 병.

쉬면서 보는 해부학 칼럼

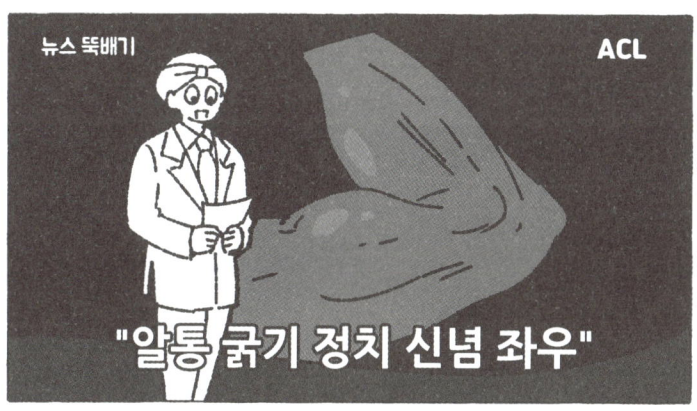

측정 불가

인간의 몸에는 튼튼한 몸통도 가시돌기도 없이

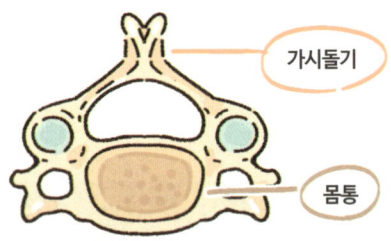

거인의 이름으로 불리며 큰일을 하는

작고 강한 뼈가 있다.

'목뼈'는 머리와 몸통을 잇는 7개의 뼈다.

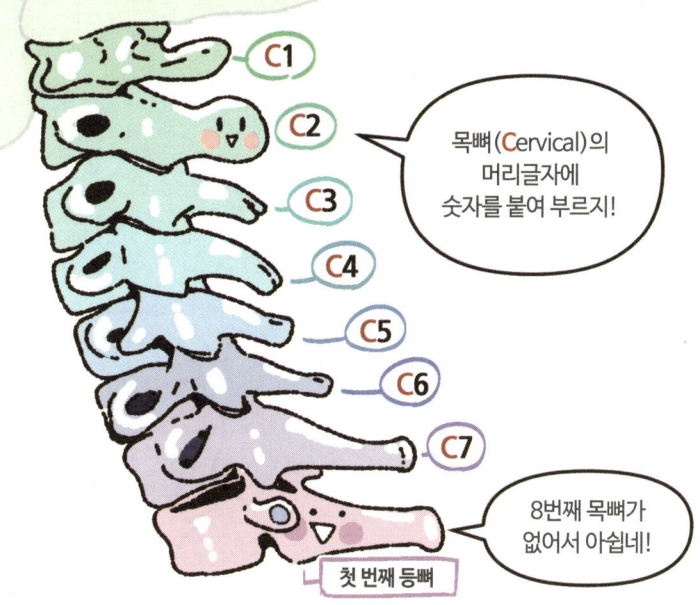

인간을 포함한 대부분의 포유류는 목뼈의 개수가 같은데
강아지, 고양이, 쥐는 물론이고 기린도 7개다.

이 7개의 뼈가
약 5kg인 머리의 무게와
몸의 흔들림, 중력을 견디며

움직임의 킹인 어깨 못지않은 다양한 움직임을 소화한다.

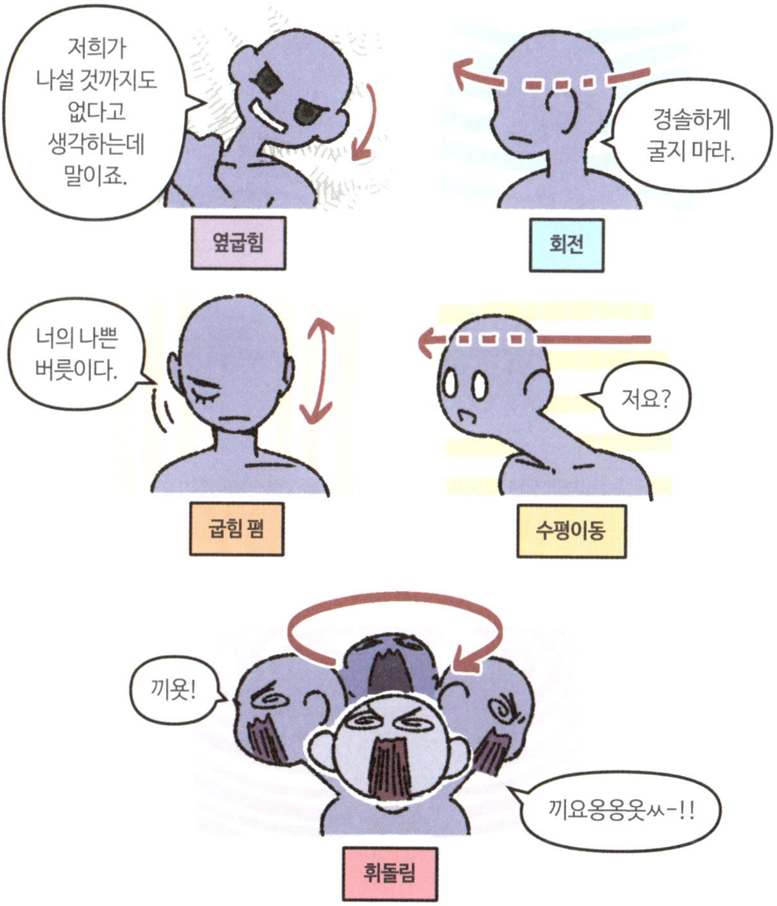

그중 첫 번째 목뼈인 고리뼈(C1)는 '머리뼈를 직접 받치는 막중한 임무'에 비해 소박한 생김새를 하고 있는데

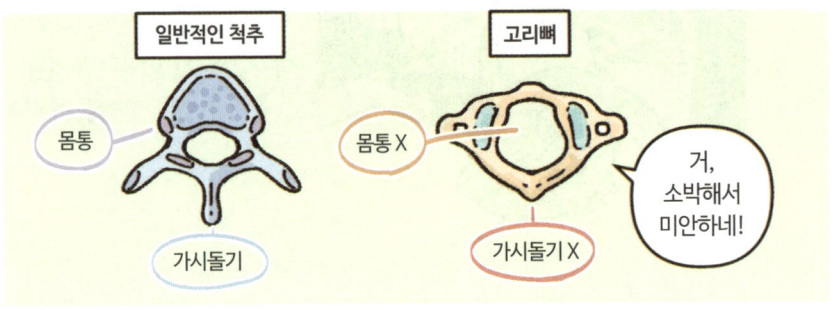

대해부학자 베살리우스는 이 뼈에 그리스 로마 신화에 나오는 거인 신의 이름을 붙였다.

아틀라스는 제우스에게 반기를 들었다가 영원히 세상을 짊어지는 형벌을 받은 신인데

그 모습이 머리뼈를 받치는 고리뼈의 모습과 비슷하여 붙였다고 한다.

이것이 두 번째 목뼈인 중쇠뼈(C2)다.

튀어나온 돌기에 고리뼈를 건 듯한 모양으로 합체한다.

이 둘이 '도리도리'를 할 수 있게 만들고

반대되는 '끄덕끄덕'은 머리뼈와 고리뼈가 만든다.

물론 뼈는 구조를 제공할 뿐 실제로 '움직이게 하는 것'은 근육인데, 도리도리와 끄덕끄덕에 큰 역할을 하는 것이 목빗근(흉쇄유돌근)이다.

목의 움직임에 관여하는 근육 중 가장 많은 역할을 하고

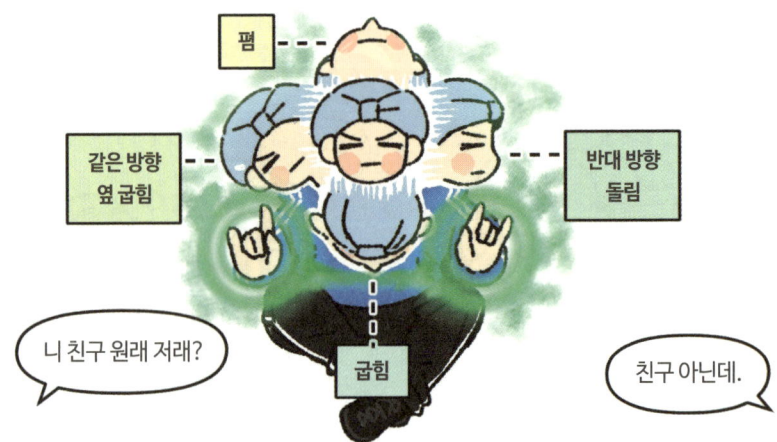

얼핏 보면 헷갈리는 이 움직임은
목빗근이 옆/뒤에서 시작해

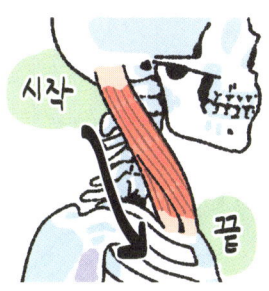

앞에 붙는
구조여서인데

손으로 느껴보면 쉽게 원리를 알 수 있다.

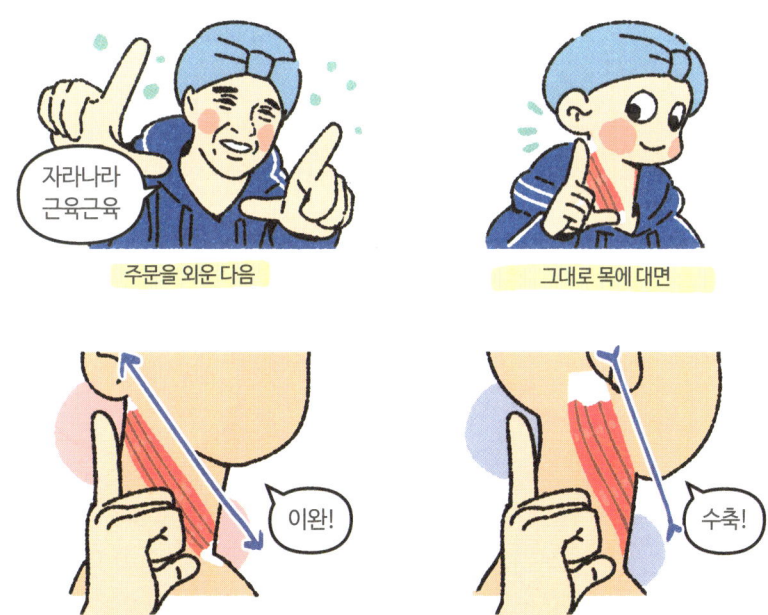

같은 방향으로 돌릴 때 길어지고 반대로 돌릴 때 짧아지는 게 느껴질 것이다.

위치를 알게 된 김에 알아두면 유용한

목빗근 마사지 방법

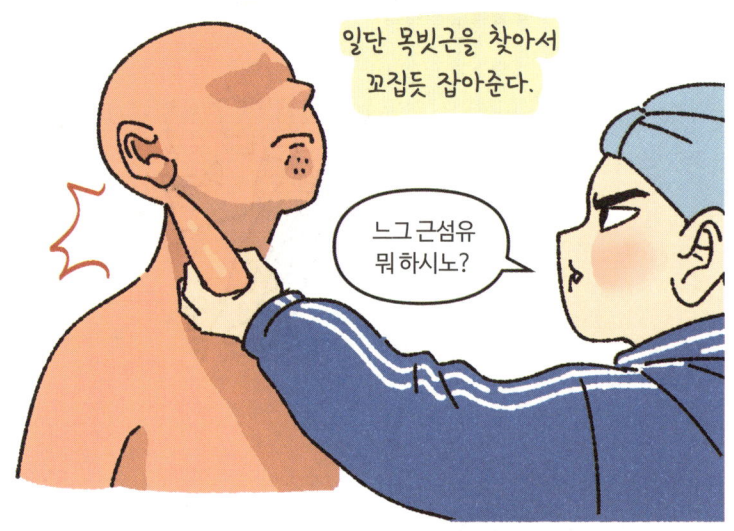

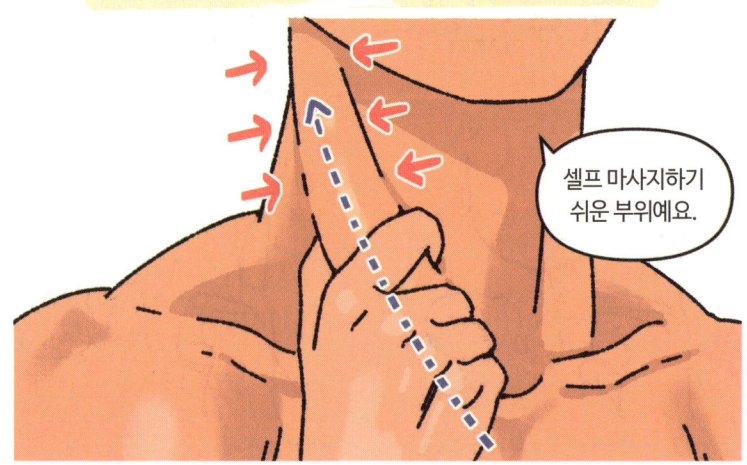

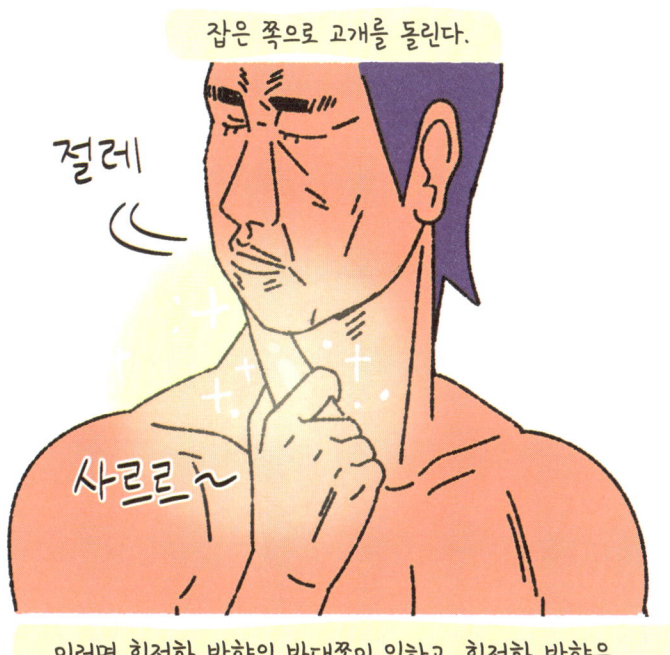

이러면 회전한 방향의 반대쪽이 일하고, 회전한 방향은 릴랙스되기 때문에 마사지하기 적절해진다.

 **까면서 보는 목**

아틀라스의 형벌

그리스 신화 속 아틀라스는 제우스에게 '대지의 끝에서 세상을 떠받치는' 형벌을 받습니다. 그럼 대 해부학자 베살리우스에 의해 아틀라스라 불린 첫 번째 목뼈 C1은 어떤 형벌(?)을 받고 있을까요?

첫 번째는 약 5kg에 달하는 머리를 직접적으로 받치는 일입니다. 어느 정도 '직접적'이냐면, 다른 척추와 달리 쿠션 역할을 하는 디스크 없이 직접적으로 받치고 있습니다.

두 번째 형벌은 C1의 발판이라 할 수 있는 C2의 윗부분에도 디스크가 없다는 것입니다. C1은 위아래로 보호해주는 쿠션이 없는 팍팍한 환경에서 일하고 있죠.

마지막 형벌은 '외부와의 단절'입니다. C1은 크기가 작고, 턱보다 위에서 근육에 묻혀 있기 때문에 목뼈 중에서도 손으로 느끼기가 가장 어렵습니다. C1이 인간이라면 아마도 마지막 형벌이 가장 고통스럽겠죠. 무거운 것을 드는 것도, 척박한 환경도 '고독'보다는 나을 테니까요.

팔꿈치와 무릎은 닮았다.

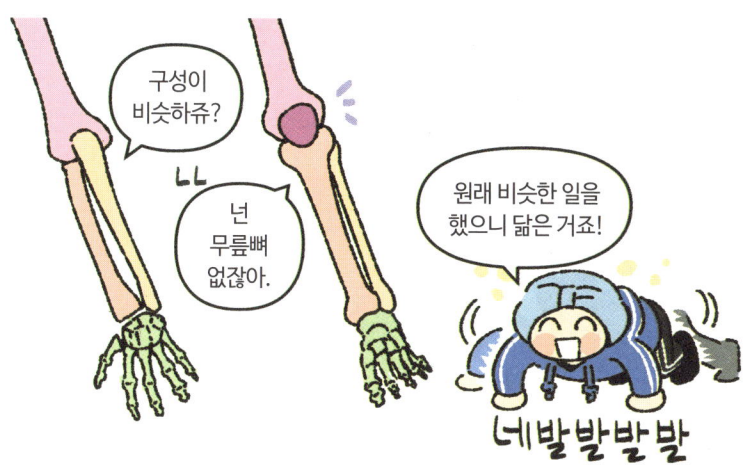

하지만 이족보행 능력을 얻은 무릎은
팔꿈치와 다른 선택을 할 수밖에 없었는데…

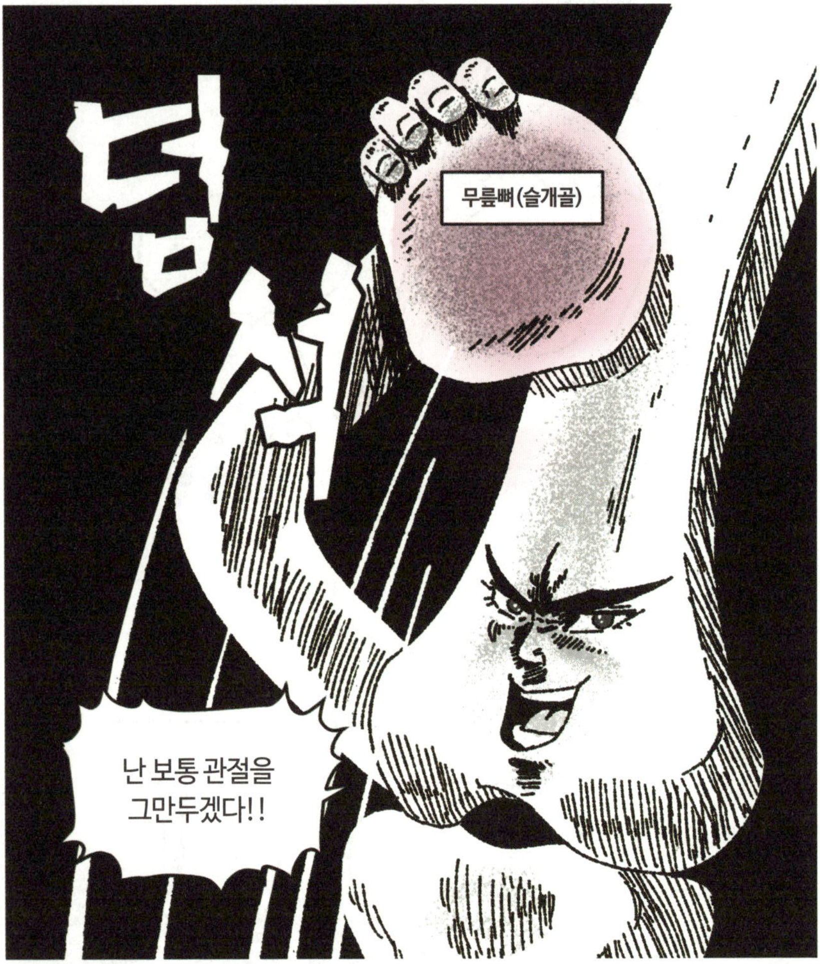

'무릎관절'은 넙다리뼈와 정강뼈, 무릎뼈가 만나는 관절로

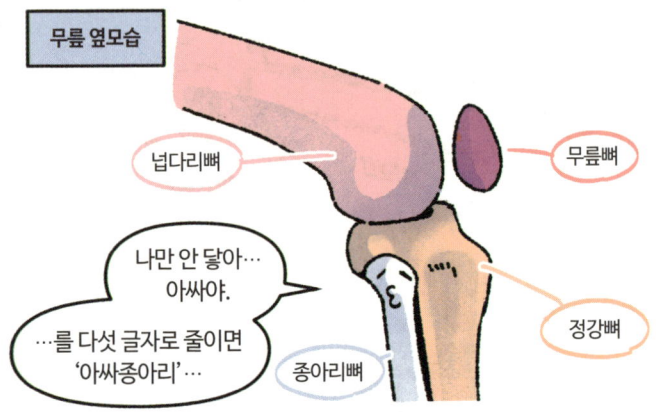

인간이 두 다리로 걷게 되면서 엄청난 부담을 지게 된다.

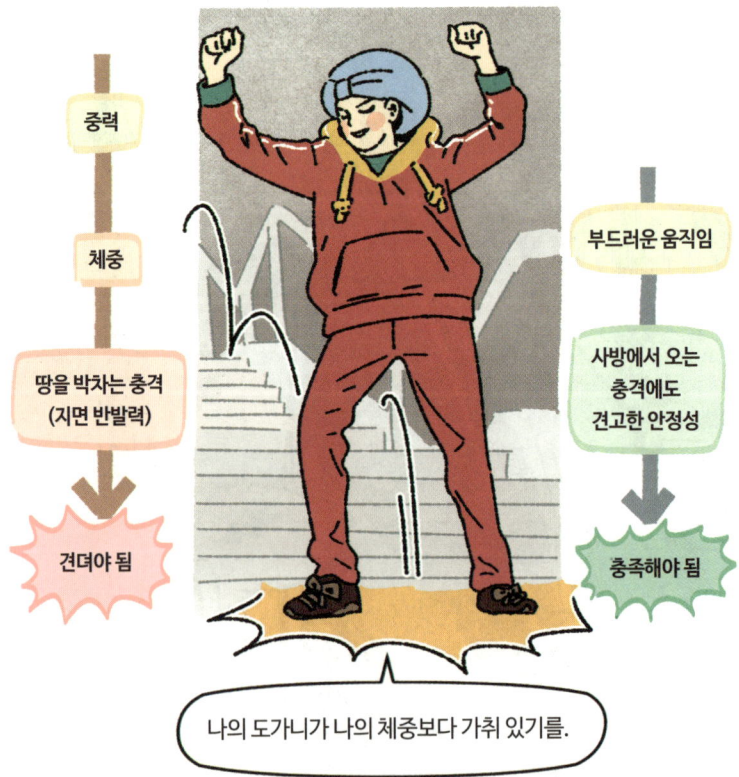

무릎의 '굽혔다 펴는 동작'은 연골로 감싸진
넙다리뼈의 둥근 끝부분이 정강뼈 위에서 구르며 이뤄지는데

이때 연골이 갈리는 손상을 최소화하기 위한 '쿠션'들이
사방에 준비되어 있지만

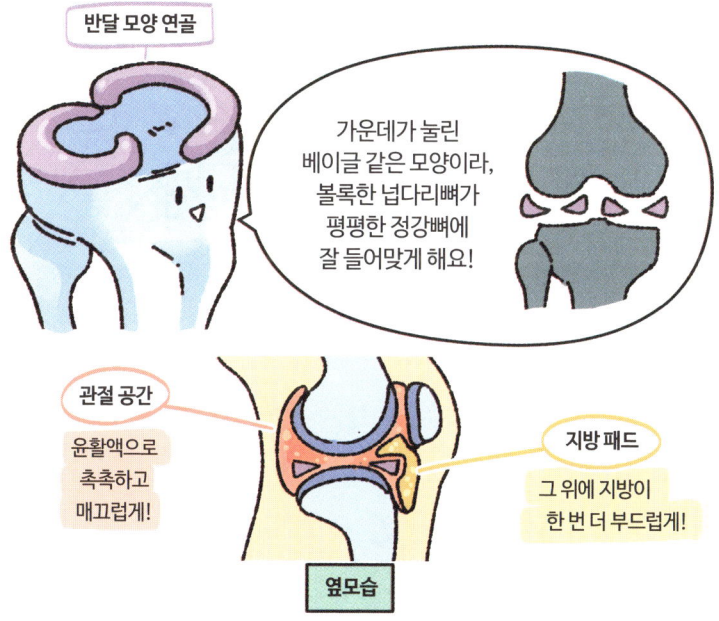

오래 쓰면 결국 닳아
통증을 유발하는
퇴행성 관절염이 오기도 한다.

그런 무릎 관절을 돕는 조력자 중 하나가 '무릎뼈'다.

뚜껑 하나 덮는다고 뭐가 달라질까 싶지만

길게 이어진 허벅지와 정강이 부위의 인대와 힘줄 손상을 줄이고 무릎을 원활히 움직일 수 있게 하며

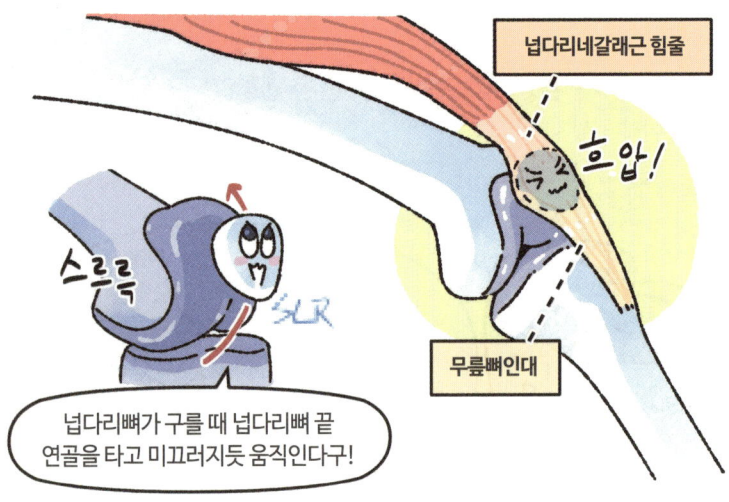

몸소 지렛대가 되어 효율적으로 무릎을 펼 수 있게 도와준다.

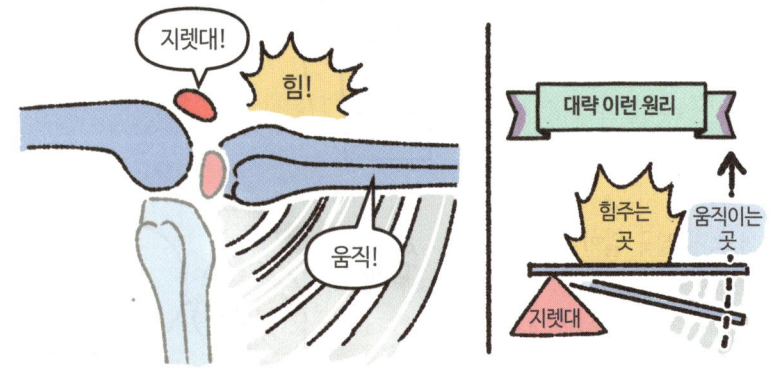

또 다른 조력자인 '곁인대'는, 양옆에 붙어
각각의 자리에서 안정을 담당한다.

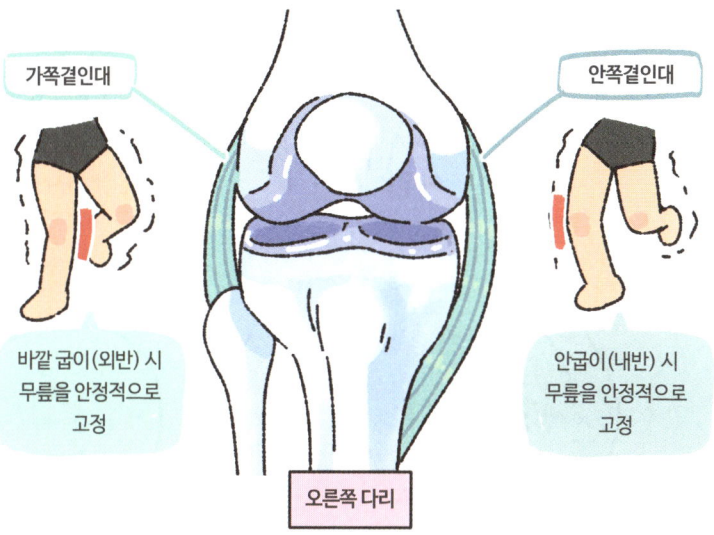

그리고 아마도 인대 중 가장 유명한 '십자인대'가 있다.

'앞십자인대'는 양옆에서 들어오는 스트레스를 억제하고, 정강뼈가 바깥으로 과하게 돌아가지 않도록 하는 등

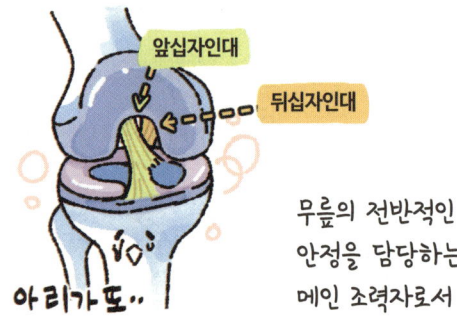

무릎의 전반적인 안정을 담당하는 메인 조력자로서

잘 끊어진다.

이 인대를 구하지 못하는 이 무력함. 정말 속상하다.

부딪히거나 바깥에서 오는 충격으로 다치는 경우보다 혼자 움직이다가 다치는 경우가 많다.

뛰던 중 갑자기 멈추거나

불안정하게 착지하거나

갑자기 방향을 바꿀 때 등등

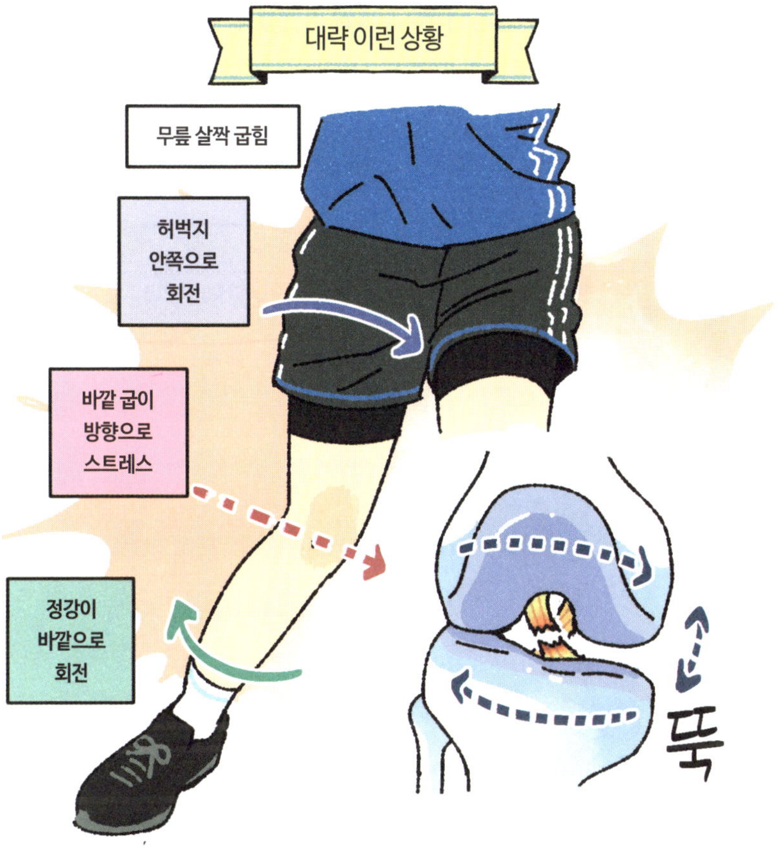

뒤십자인대도 역시 중요한 역할을 하지만 앞십자인대에 비해 상대적으로 콩라인이다.

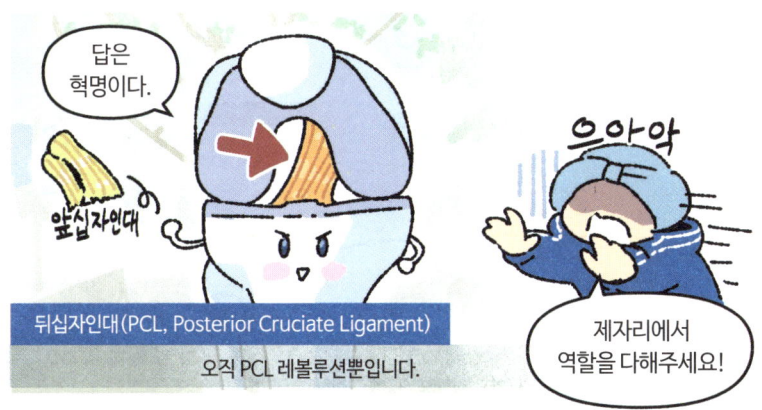

십자인대의 부상을 예방하는 방법은 충분한 워밍업과
준비운동을 하고 운동 강도를 서서히 높이는 것이다.
갑자기 격하게 운동하는 것은 몸의 어느 부위에도 좋지 않다.

고유감각과 민첩성을 키우고,
무릎에 무리가 가는 움직임을 최소화하면서
운동할 수 있도록 단련하는 것이 좋다.

(대략 이런 운동들)

더 자세한 건
주변의 헬창에게 물어보면 좋아할 겁니다.

*의사, 물리치료사, 건강운동관리사 등등에게 물으면 최최고!

의료기술의 발달로 수명이 길어질수록 '오래 써서 상하는 퇴행성 질환'을 얻는 건 피할 수 없는 예정된 미래일 것이다.

> 쉬면서 보는 해부학 칼럼

이봐, 친구! 그거 알아?

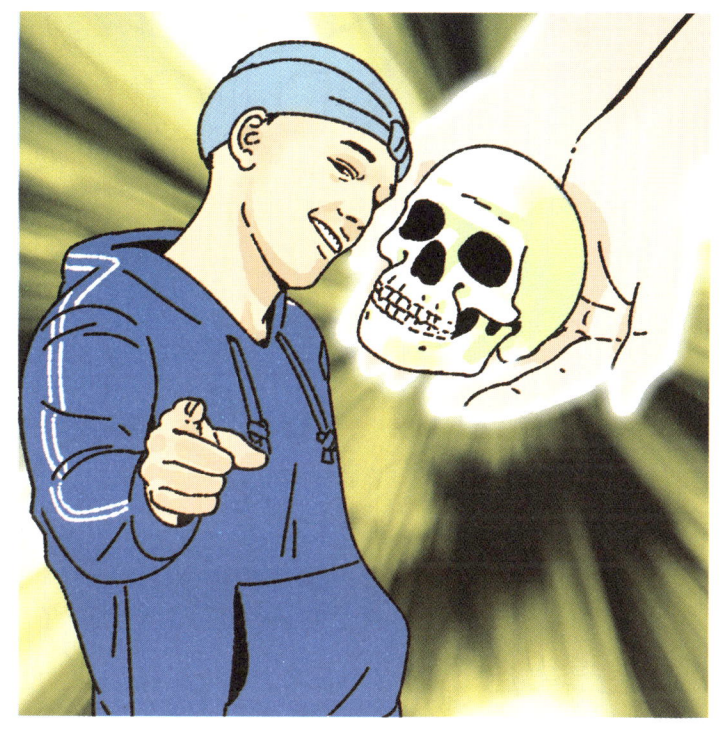

머리뼈 1kg엔 자그마치 100g의
칼슘이 들어 있다는 놀라운 사실을!

골반은 흔히 '나비를 닮았다'고 한다.

하지만 실제로는 냄비와 닮았다.

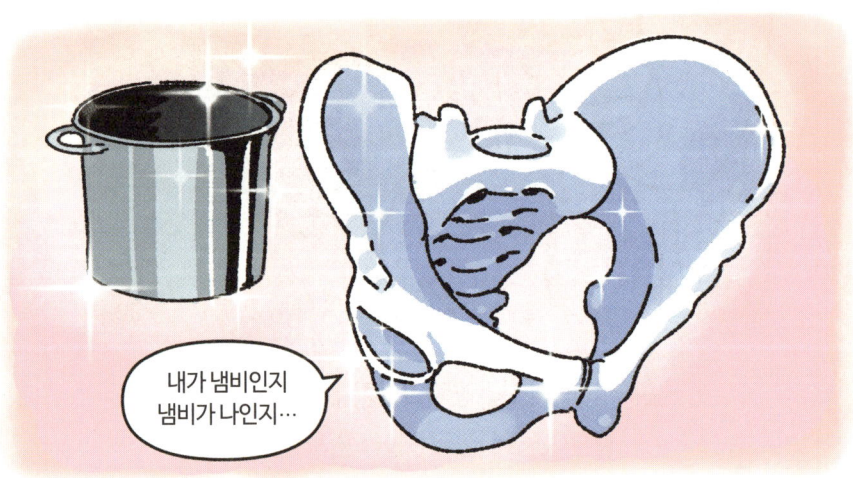

골반은 완벽한 하나의 뼈로 보이지만

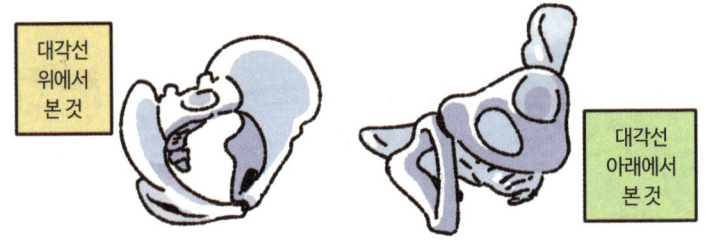

| 대각선 위에서 본 것 | | 대각선 아래에서 본 것 |

넙다리뼈가 끼워지는 절구(관골구)의 중심을 기점으로 3개로 나뉜다.

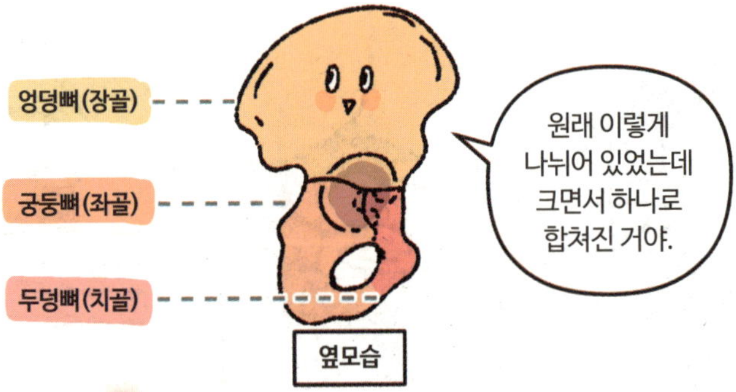

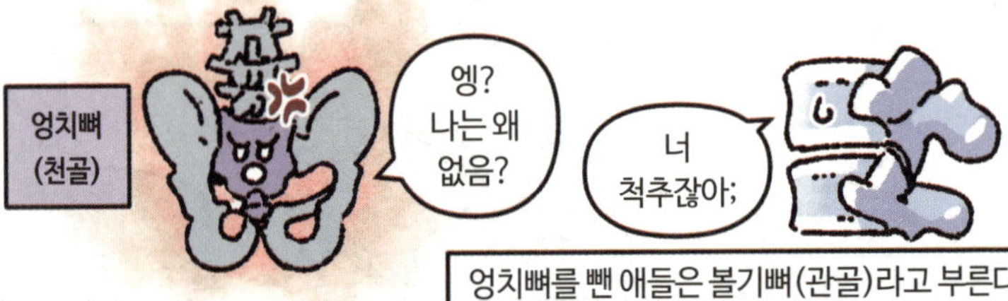

해부의 호흡
제1형
관골일섬.

슈낫팟

- 엉덩뼈(장골)
- 궁둥뼈(좌골)
- 두덩뼈(치골)

옆모습

원래 이렇게 나뉘어 있었는데 크면서 하나로 합쳐진 거야.

엉치뼈 (천골)

엥? 나는 왜 없음?

너 척추잖아;

엉치뼈를 뺀 애들은 볼기뼈(관골)라고 부른다.

골반의 여러 근육 중 앞쪽에 있는
엉덩허리근(장요근)이 꽤 유명한데

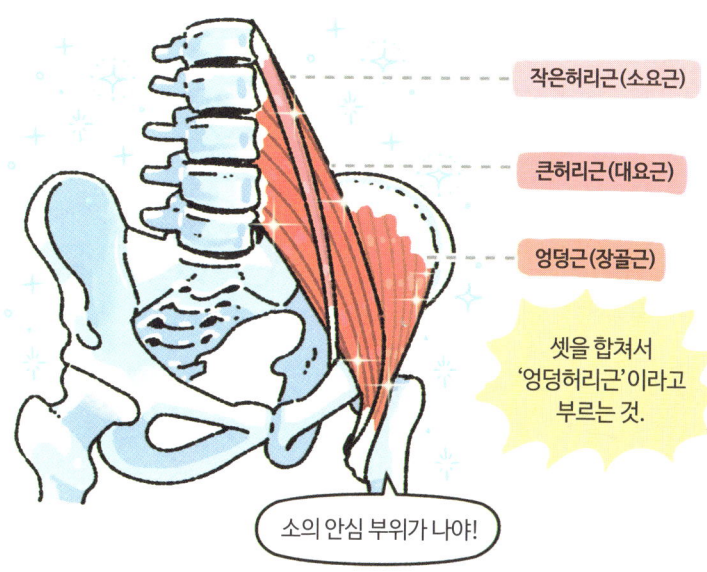

엉덩허리근 자체는 엉덩이를 굽히는 일을 하지만

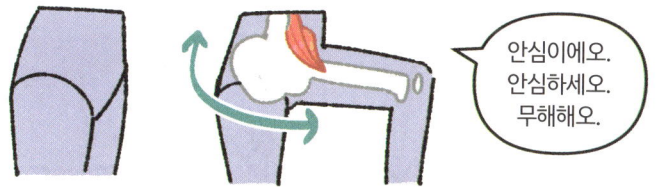

몸의 균형이 깨진 상태에서 과하게 단축돼 있을 경우
허리 통증의 원인이 될 수 있기 때문에
운동러와 환자에게는 유명인사다.

뒤쪽 골반에서는 궁둥구멍근(이상근)이 핫한데
역시 빌런으로 알려져 있기 때문이다.

이상근이 부을 경우 인접한 궁둥신경(좌골신경)을 압박해
엉덩이와 다리가 저린 좌골신경통을 유발한다고 하여
이것을 '이상근 증후군'이라 부르는데

사실 명성에 비해 그렇게 흔하지 않고,
좌골신경통의 원인이 될 것들은 천지삐까리이기 때문에
이상근에게는 조금 억울한 유명세다.

예를 들면 이상근과 좌골신경 근처에서 비슷한 일을 하는 근육이 부을 수도 있고

골반 관절 자체의 불안정성이 원인일 수도 있으니
이상근을 조지기보다 전체를 보는 노력이 필요하다.

골반 근육 중 진정한 빌런은 엉덩이 근육이다.

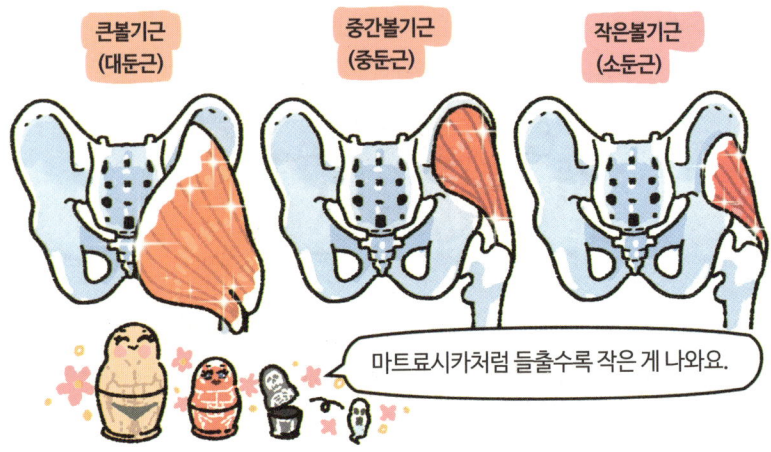

'큰볼기근'은 가장 겉에 있는 큰 근육으로
달리기나 점프, 앉아 있다 일어나기, 계단 오르기에 쓰이고

'중간볼기근'과 '작은볼기근'은
뒤/옆쪽에 붙어 있어 다리를 벌릴 때 쓰이는데

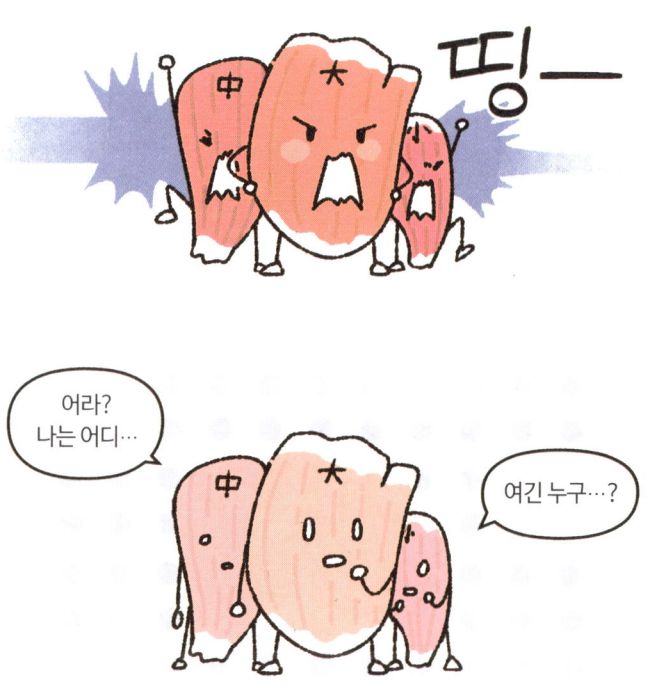

이 친구들이 요즘 기억을 잃는다.

현대인의 생활환경이 엉덩이 근육의 사용을 줄이고

몸의 불균형이 있을 경우
엉덩이 근육 대신 다른 근육을 쓰게 되어

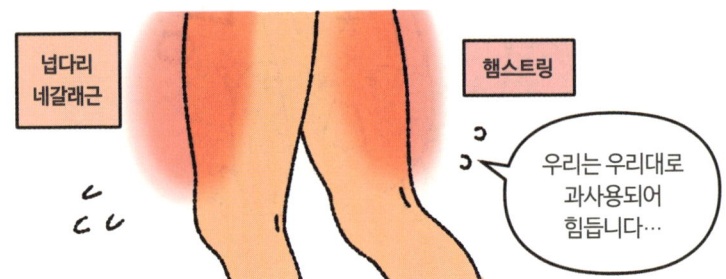

자신의 '기능을 까먹는 것'이다.

일명 '엉덩이 기억상실(Gluteal amnesia)'

가벼운 달리기를 하든 전문가를 찾아가든, 일단 움직여봅시다!

까면서 보는 골반

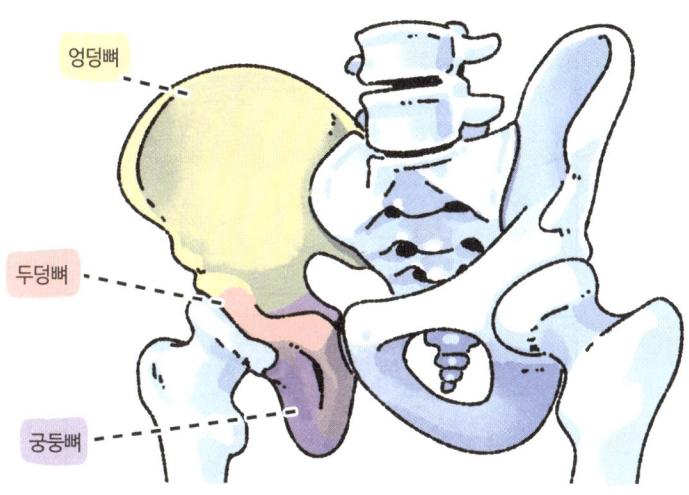

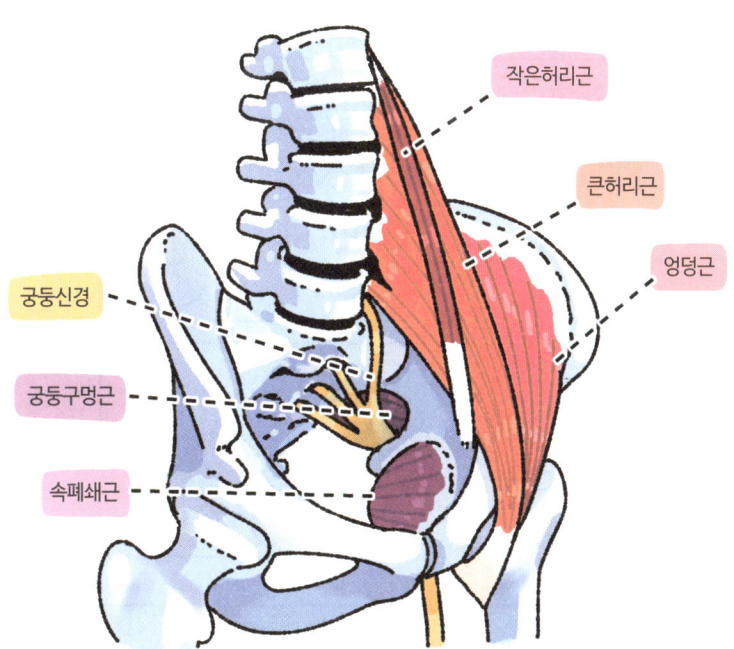

쉬면서 보는 해부학 칼럼

골반의 기울어짐

옆에서 봤을 때 골반 머리가 앞으로 기울어진 것을 '골반 전방경사', 뒤로 기울어진 것을 '골반 후방경사'라고 부릅니다. 운동 관련 커뮤니티에서 심심찮게 쓰이고 있어서 들어본 적이 있을지도 모르겠습니다. 골반의 기울어짐은 골반 위에 붙어 있는 허리뿐만 아니라, 척주 전체에 영향을 주기 때문에 많은 관심을 받고 있습니다. 골반의 각도에 영향을 끼치는 요인은 (몸에서 일어나는 모든 일이 그렇듯) 굉장히 다양하고, '전방경사 혹은 후방경사인 것처럼 보이지만 사실 그렇지 않은' 경우도 있습니다. 그렇기 때문에 혼자서 평가하고 운동하는 것보다는 오프라인에서 전문가에게 조언을 구하는 편이 안전하고 정확합니다.

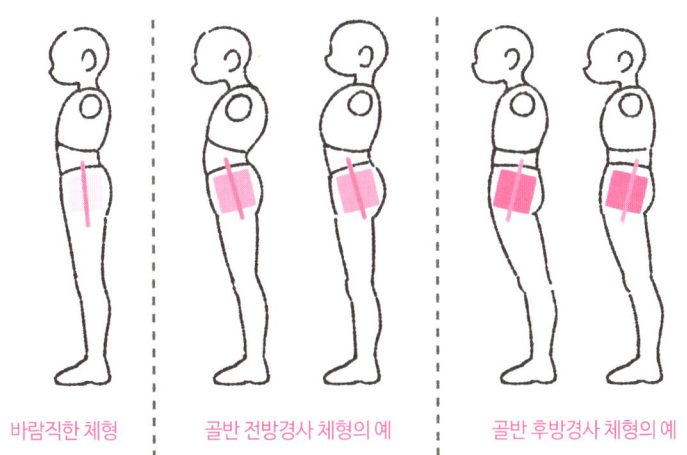

바람직한 체형   골반 전방경사 체형의 예   골반 후방경사 체형의 예

대표적인 형태의 일부일 뿐, 개인에 따라 더 다양한 조합(?)도 존재합니다.

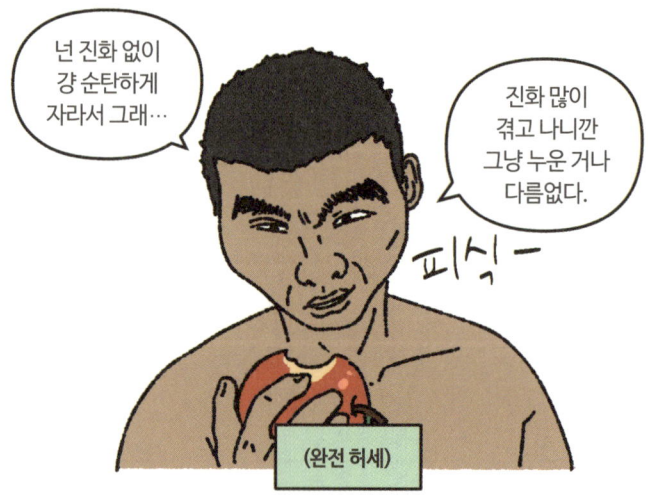

그날 인류는 깨달았다.
척추를 세우고 다녀야 하는 공포를…

우리는 뒷목을 공략당하면 녹아버리는 인간을 종종 목격한다.

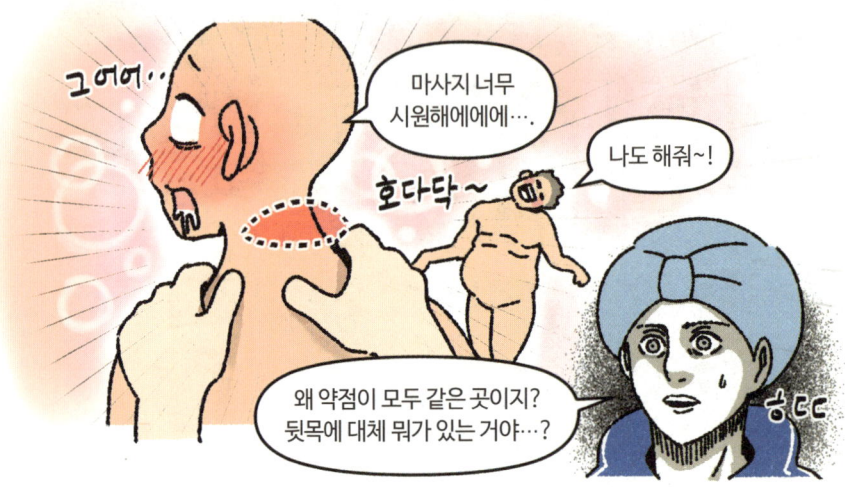

이곳은 '등세모근(승모근)'으로,
뒷목과 어깨를 포함하는 꽤 큰 '등 근육'이다.

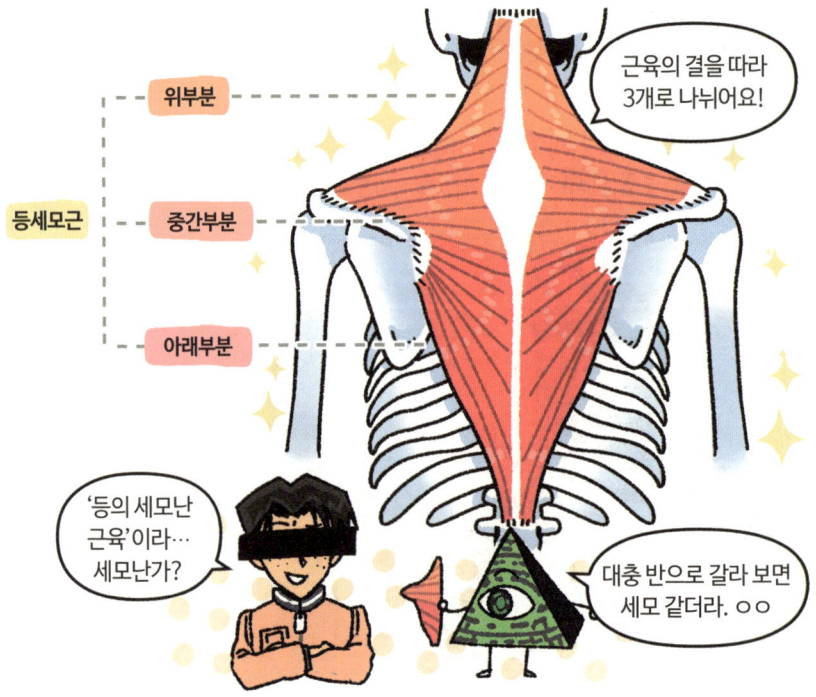

등세모근은 어깨 관절을 안정시키는 역할을 하는데,
특히 약화되기 쉬운 아래 등세모근 강화 운동이 많이 권장된다.

아래 등세모근과 인접한 곳에
그 유명한 '넓은등근(광배근)'이 펼쳐져 있다.

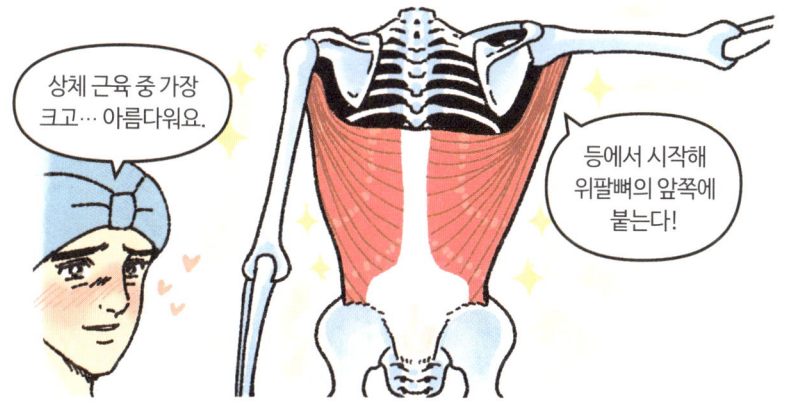

잘 키울 경우 등판을 넓히거나 큰 힘을 내고
몸통을 안정적으로 잡아주기 때문에 헬린이부터 헬창, 파워리프터에게까지
폭넓게 사랑받는 근육이다.

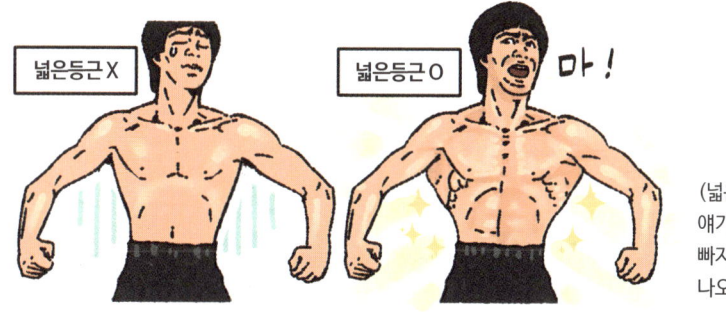

겉에서 보면 등세모근과 넓은등근이 등의 전부 같아 보이는데

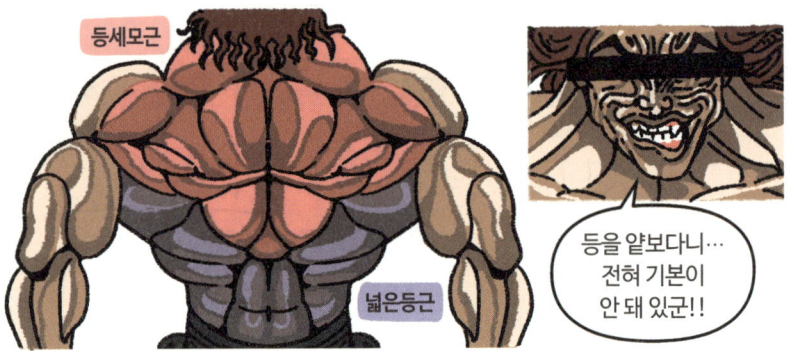

한 겹만 까도 갖가지 근육으로 가득 채워져 있는 모습을 볼 수 있다.

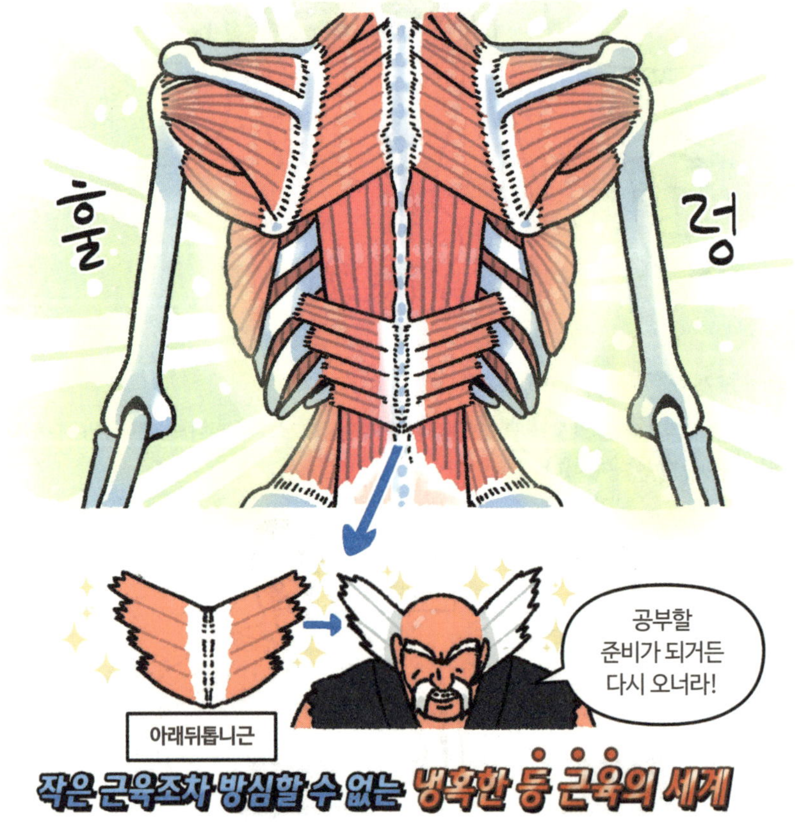

또 단면도를 보면 등뼈의 가시와 가시 사이를
실하게 채운 근육들을 볼 수 있는데

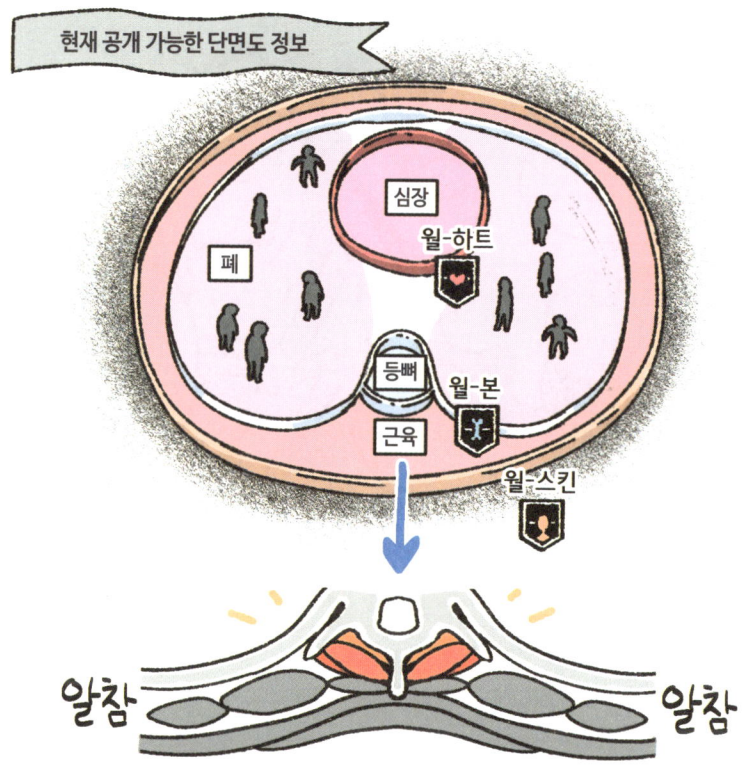

이것이 '가로돌기가시근육 그룹'으로, 척주의 회전과 미세한 조정을 담당하고

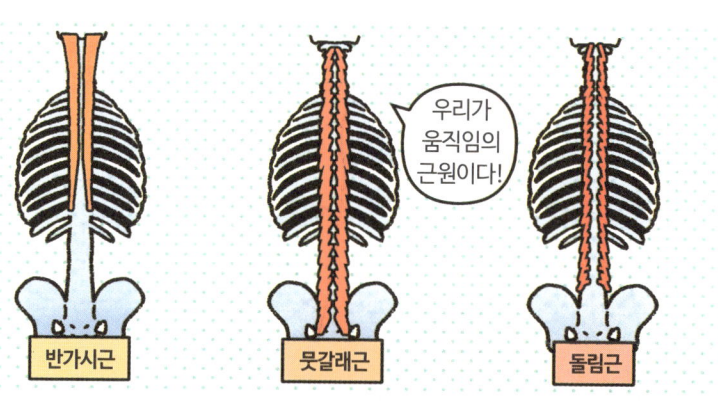

겁내 이쁘다.

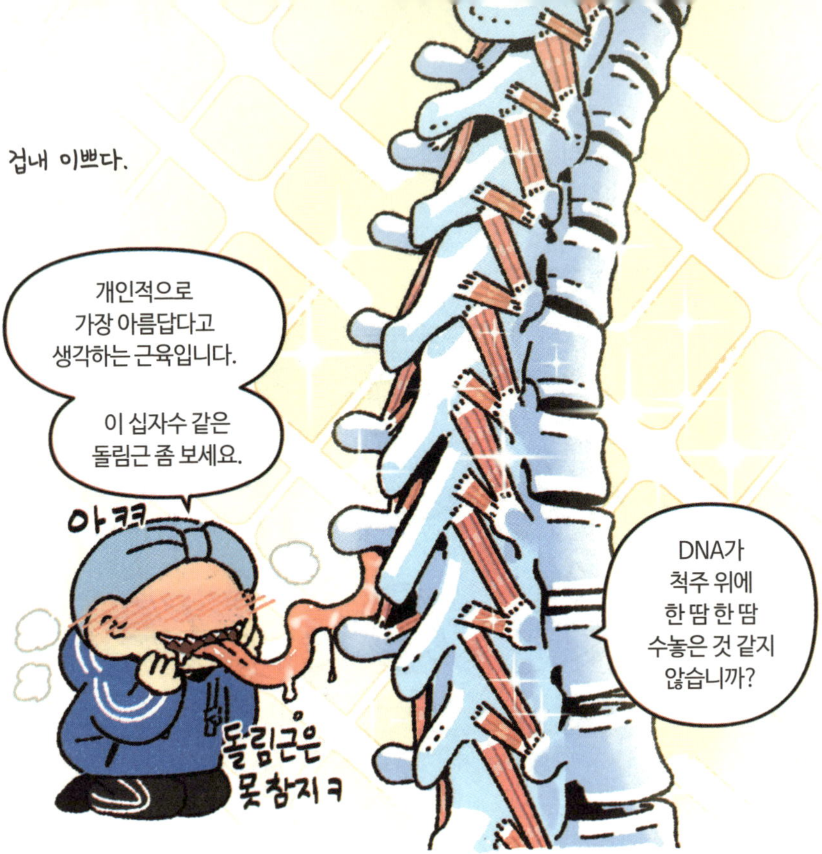

개인적으로 가장 아름답다고 생각하는 근육입니다.

이 십자수 같은 돌림근 좀 보세요.

DNA가 척주 위에 한 땀 한 땀 수놓은 것 같지 않습니까?

그보다 조금 바깥에 있는 것이 그 유명한 직립보행 인간의 친구 '척주세움근'이다.

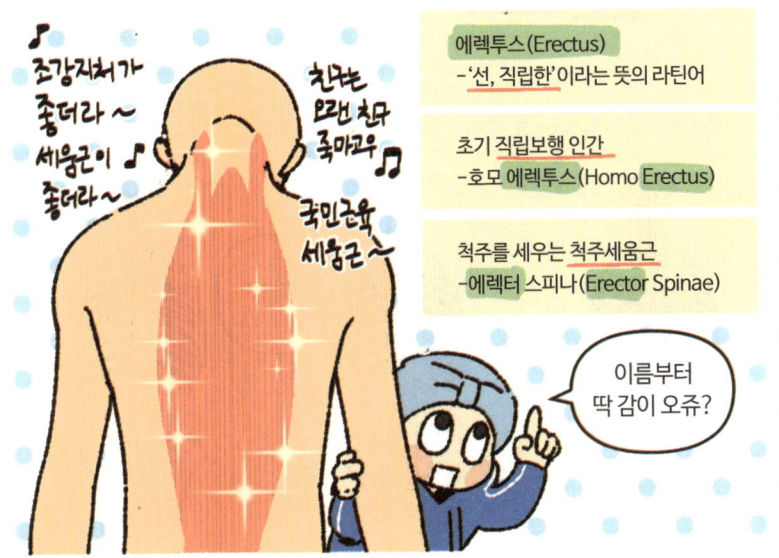

에렉투스(Erectus)
- '선, 직립한'이라는 뜻의 라틴어

초기 직립보행 인간
- 호모 에렉투스(Homo Erectus)

척주를 세우는 척주세움근
- 에렉터 스피나(Erector Spinae)

이름부터 딱 감이 오쥬?

인간이 직립보행을 하며 더 큰 범위의 움직임을
감당해야 했기 때문에

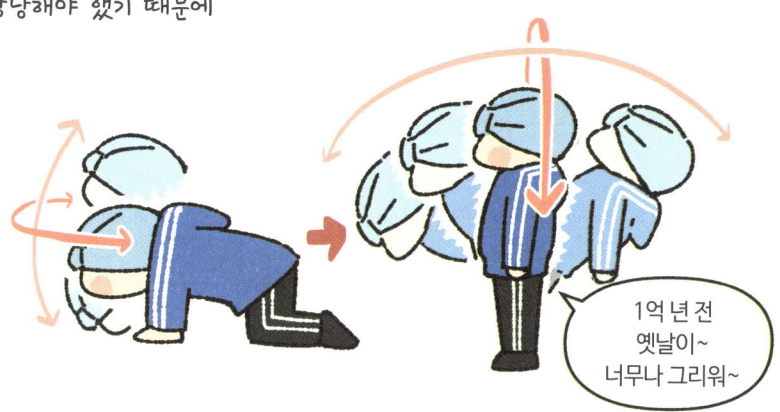

척주를 안정적으로 지지하고 자세를 유지하도록 발달했다.

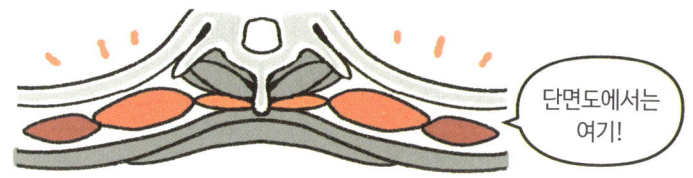

'척주세움근'은 하나의 근육이 아니라 3개의 근육을
묶어서 부르는 것으로, 정확히는 '척주세움근 그룹'이다.

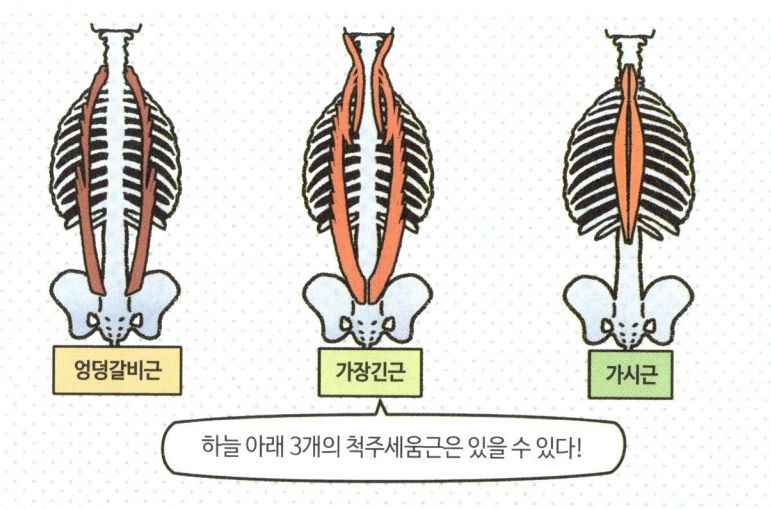

이들이 목부터 허리에 걸친 뼈마다 섬세하게 붙어
척주를 지지해준 덕분에 우리가 등을 펼 수 있는 것이다.

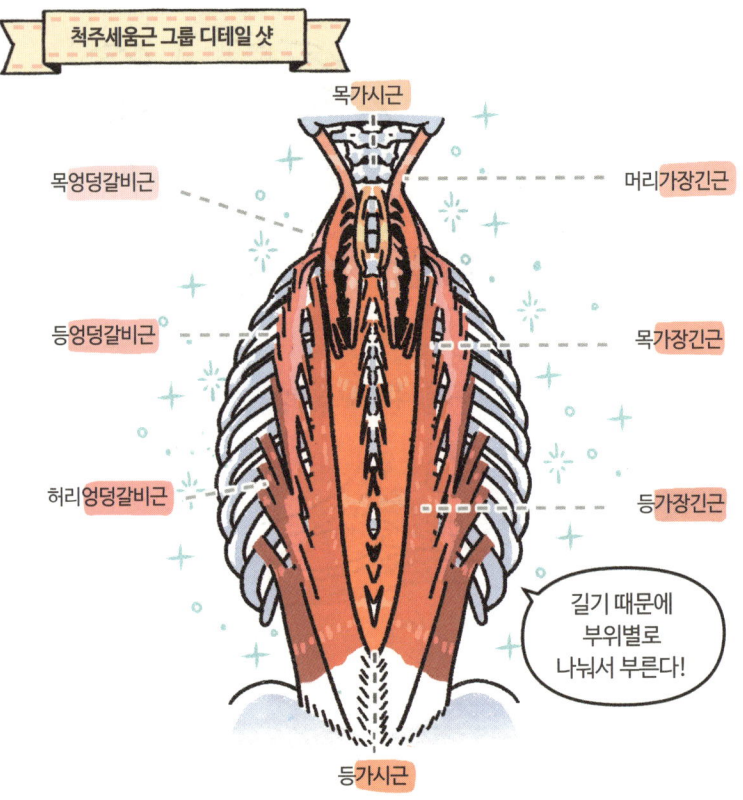

그러나 목에서 골반을 아우르며 힘쓰는 '가장긴근'에게
인류가 그만 몹쓸 짓을 하고 말았는데···

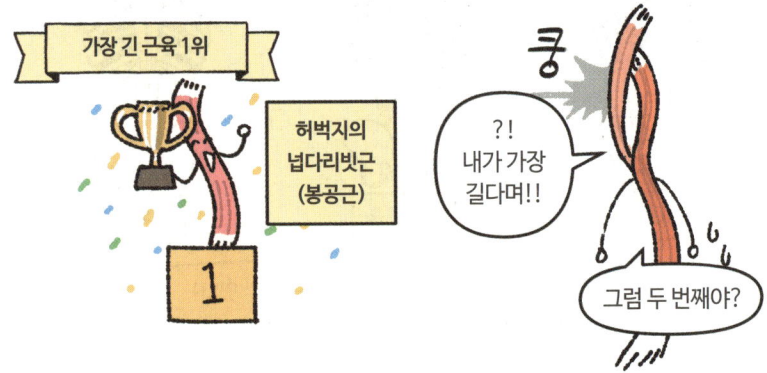

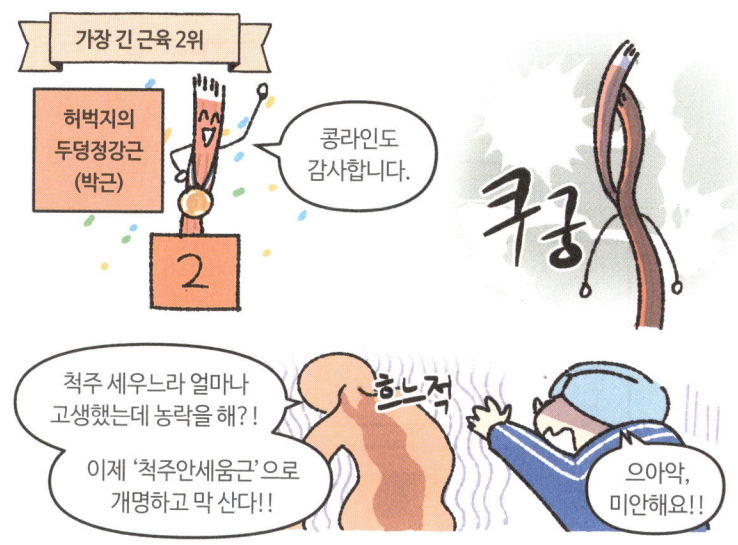

멋진 등을 만들어주는 등세모근도 넓은등근도 척주세움근 그룹이
안쪽에서 안전하게 받쳐주기에 키울 수 있는 것이다.
감사하는 마음을 담아 척주세움근 운동을 하자.

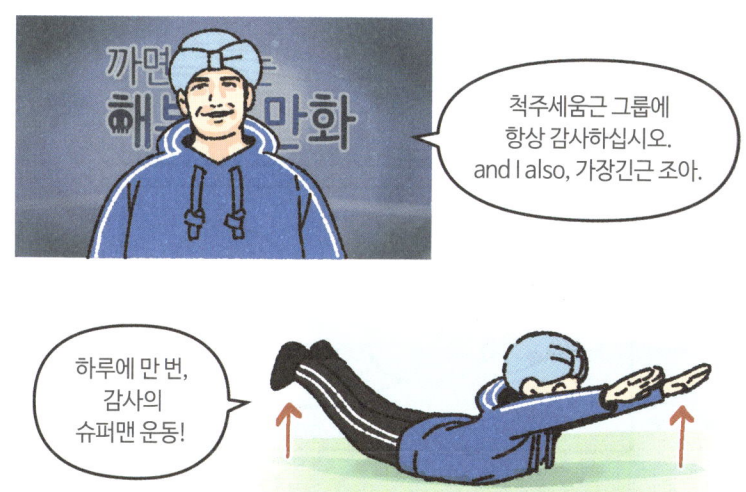

> 쉬면서 보는 해부학 칼럼

넓은등근이 하는 일

'넓은등근'이 하는 대표적인 동작

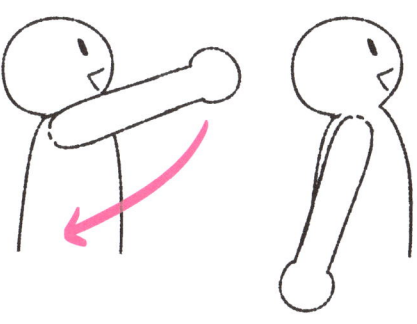

그래서 신경퀸은 넓은등근이 발달한 편입니다.

그리스 신화의 서사시 《오디세이아》에 등장하는 공주 '나우시카'는
오디세우스에게 갖가지 도움을 주고 바다를 건널 수 있게
'배'를 내어주지만 그와 맺어지지는 않는다.

*훗날 오디세우스의 아들.
텔레마코스와 결혼했다고 한다.

나우시카(Nausicaä)는 '배'를 뜻하는 그리스어 ναῦς에서
파생된 이름으로,

우리도 몸에 있는 '작은 배'의 적극적인 도움을 받아
오디세우스처럼 매일 어디론가 떠나지만

역시나 오디세우스처럼
그 '배'의 고마움을 그다지 알지 못한 채 살고 있는 것이다.

발과 손은 기원이 같은 만큼 비슷한 면이 있으나
쓰임새에 따라 서로 상반된 특징을 가지게 되었다.

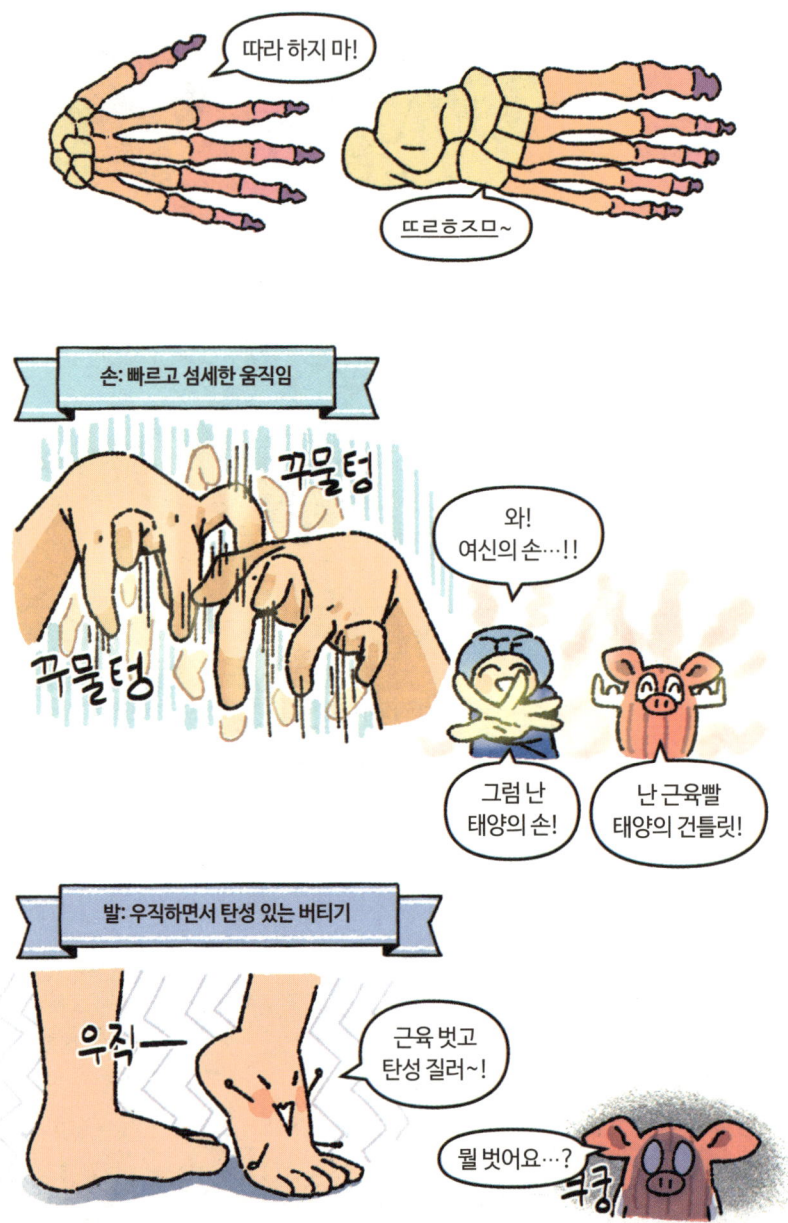

발바닥 '탄성'의 핵심은 발의 '아치'다.

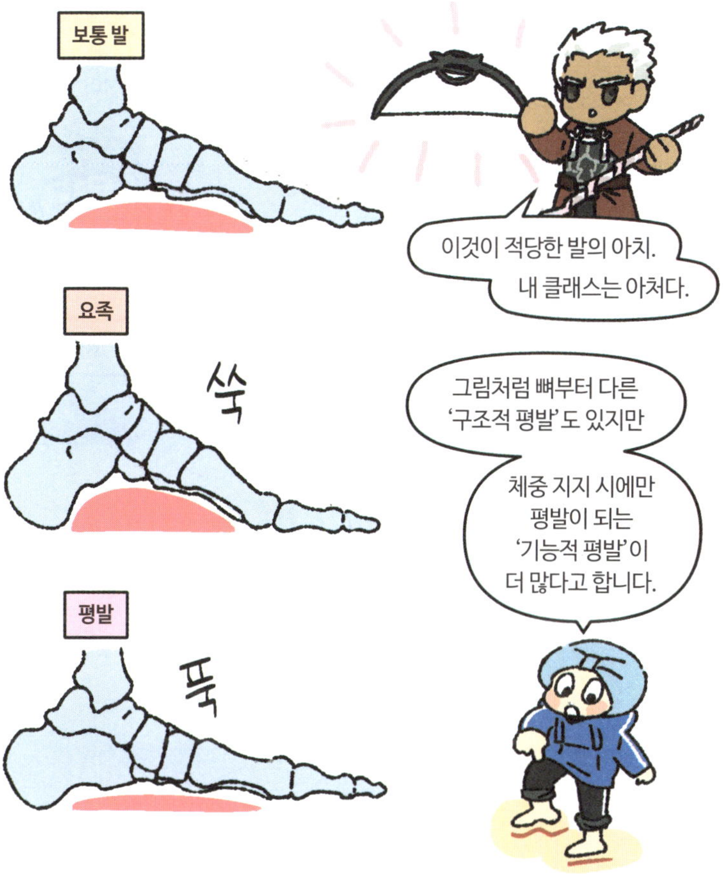

보통발

이것이 적당한 발의 아치. 내 클래스는 아처다.

요족

쑥

그림처럼 뼈부터 다른 '구조적 평발'도 있지만

평발

푹

체중 지지 시에만 평발이 되는 '기능적 평발'이 더 많다고 합니다.

발의 아치는 체중을 지지하고, 땅에서 올라오는 충격을 흡수하며, 신경과 혈관, 근육이 지나가는 자리를 확보해준다.

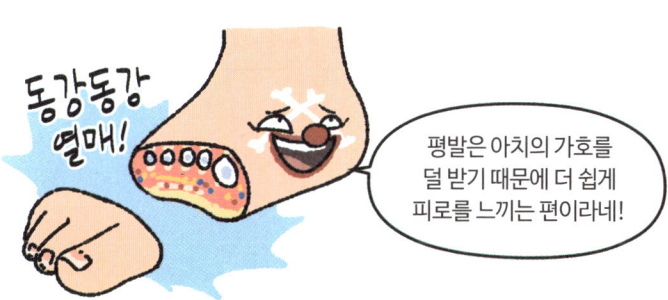

동강동강 떨매!

평발은 아치의 가호를 덜 받기 때문에 더 쉽게 피로를 느끼는 편이라네!

이 때문에 발 아치는 총 4개로 꼼꼼하게 형성되어 있다.

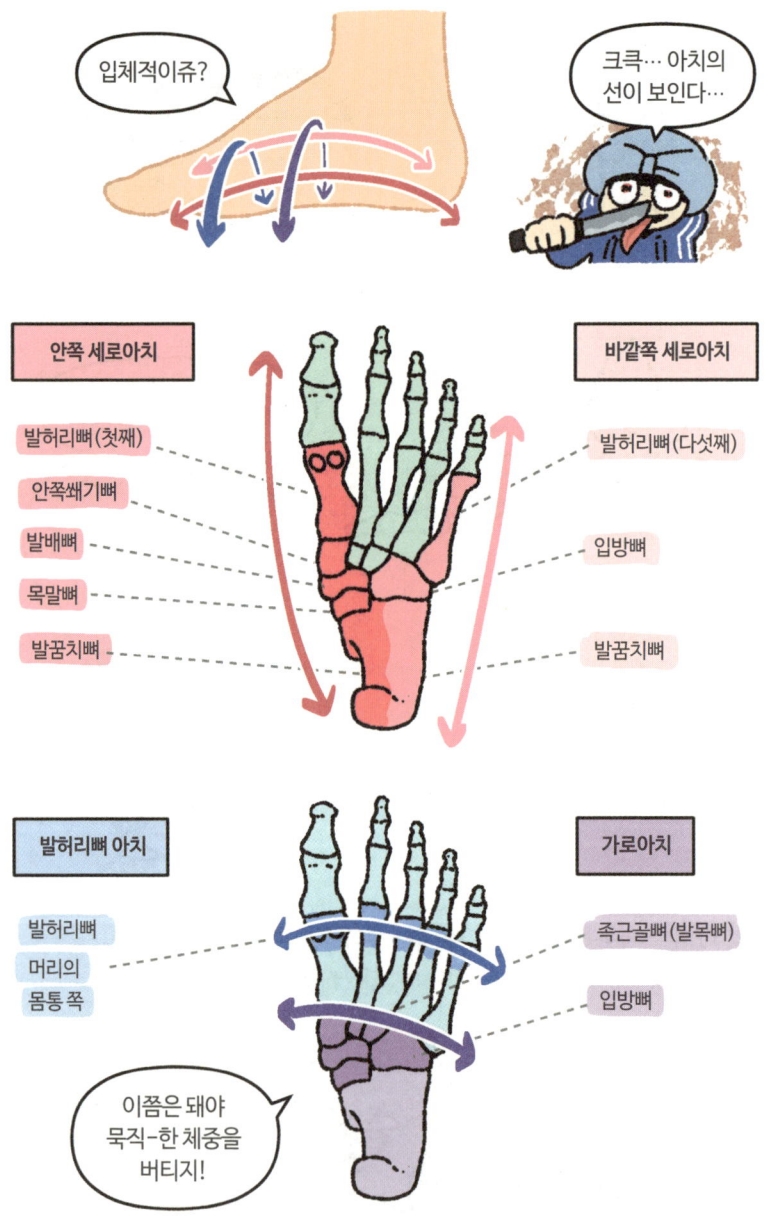

*보통 발허리뼈 아치를 뺀 나머지 세 아치를 주로 얘기함.

발 아치의 가장 높은 부분에 있는 뼈가 바로
우리 발의 작은 배, '발배뼈'다.

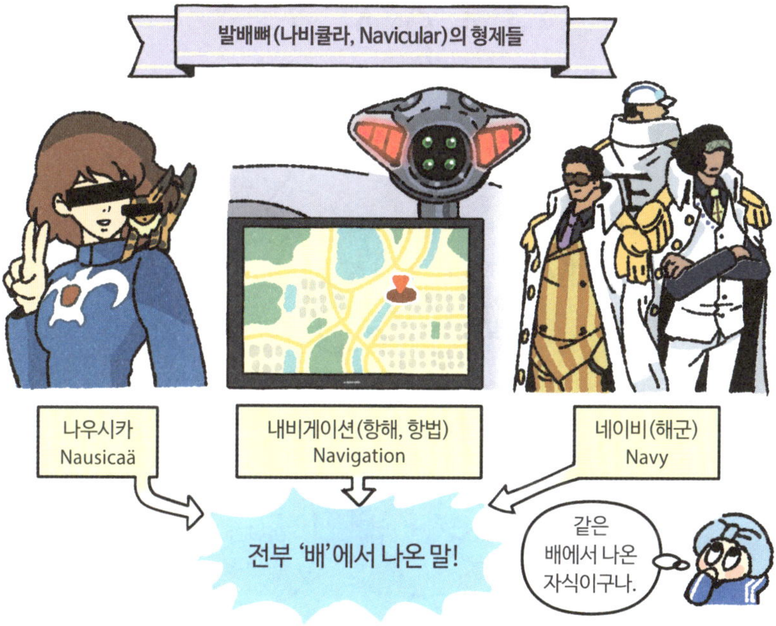

발배뼈(나비큘라, Navicular)의 형제들

- 나우시카 Nausicaä
- 내비게이션(항해, 항법) Navigation
- 네이비(해군) Navy

전부 '배'에서 나온 말!

같은 배에서 나온 자식이구나.

발배뼈는 아치의 윗부분이기 때문에
아치 상태를 가늠하는 기준으로 삼기 좋다.

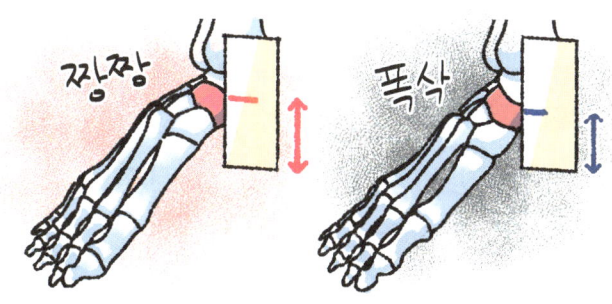

또 발배뼈는 뒤꿈치뼈를 제외한 모든 발목뼈와 닿아 있는데

이 때문에 발꿈치를 들었을 때
위와 아래에서 동시에 받는 압박을 버텨야 하고

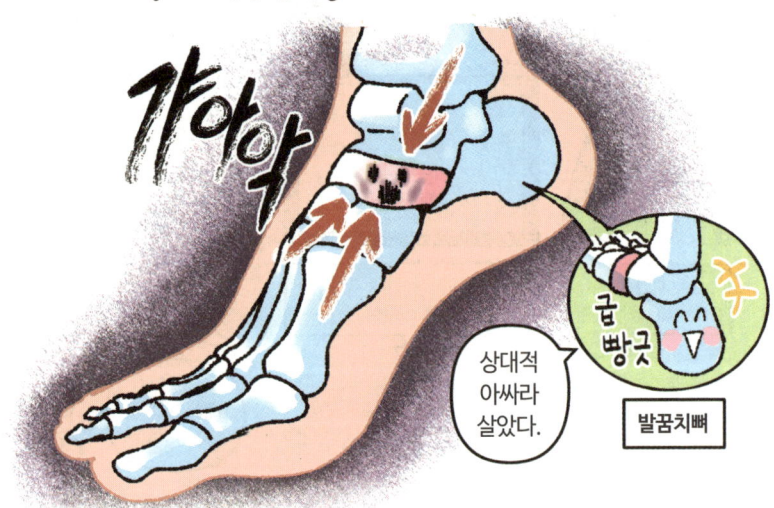

이때 반복적인 스트레스를 받으면
누적된 데미지로 인한 피로골절이 발생하기도 한다.

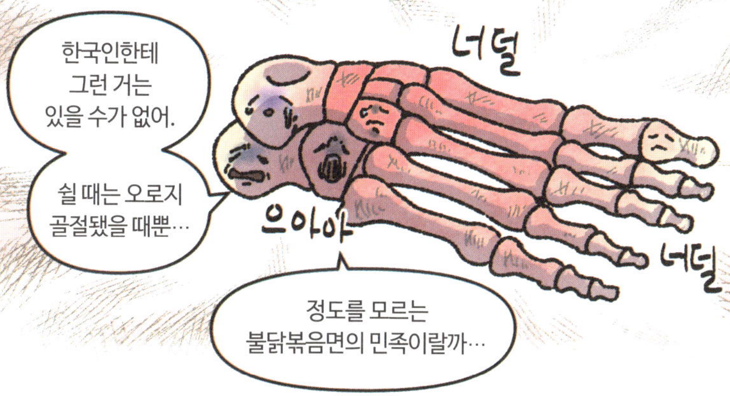

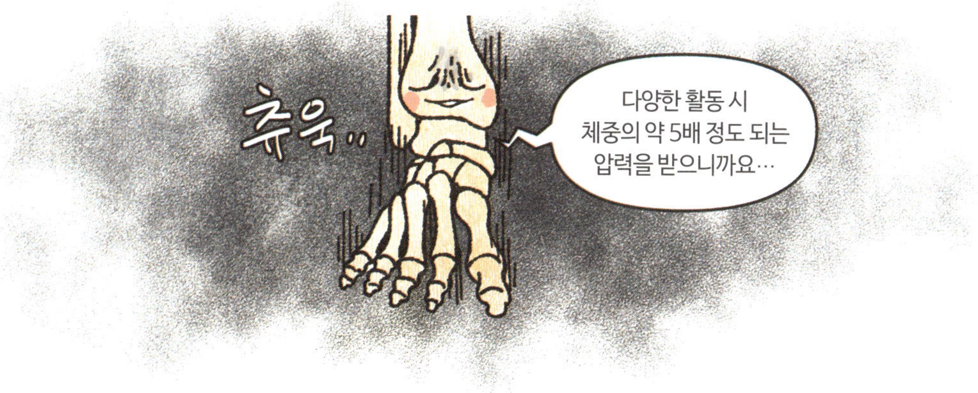

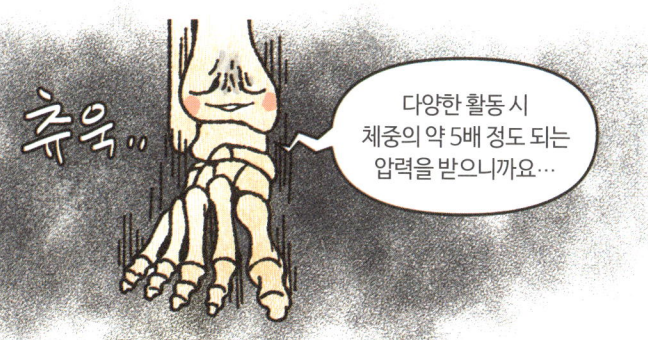

가끔이라도 족욕과 마사지로 아껴주자.

> 야! 왜 밖에서 노냐?
> 그 시간이면 차라리 집에서
> 뜨끈~한 족욕을 하고 말지.

크어어 뻑예~

초 간단한 발 마사지

땅콩볼
유리병
왕자님 둥둥"

> 둥글둥글한 걸
> 살살 굴려 밟아가며
> 마사지해보세요.

으적 ← → 으적

> 종아리의 아킬레스건도
> 함께 풀어주면 더욱 좋습니다!

*이거 여행 시 완전 꿀팁!

애정을 담아 재정비해주면
'작은 배'와 함께하는 내일의 항해도 순조로울 것이다.

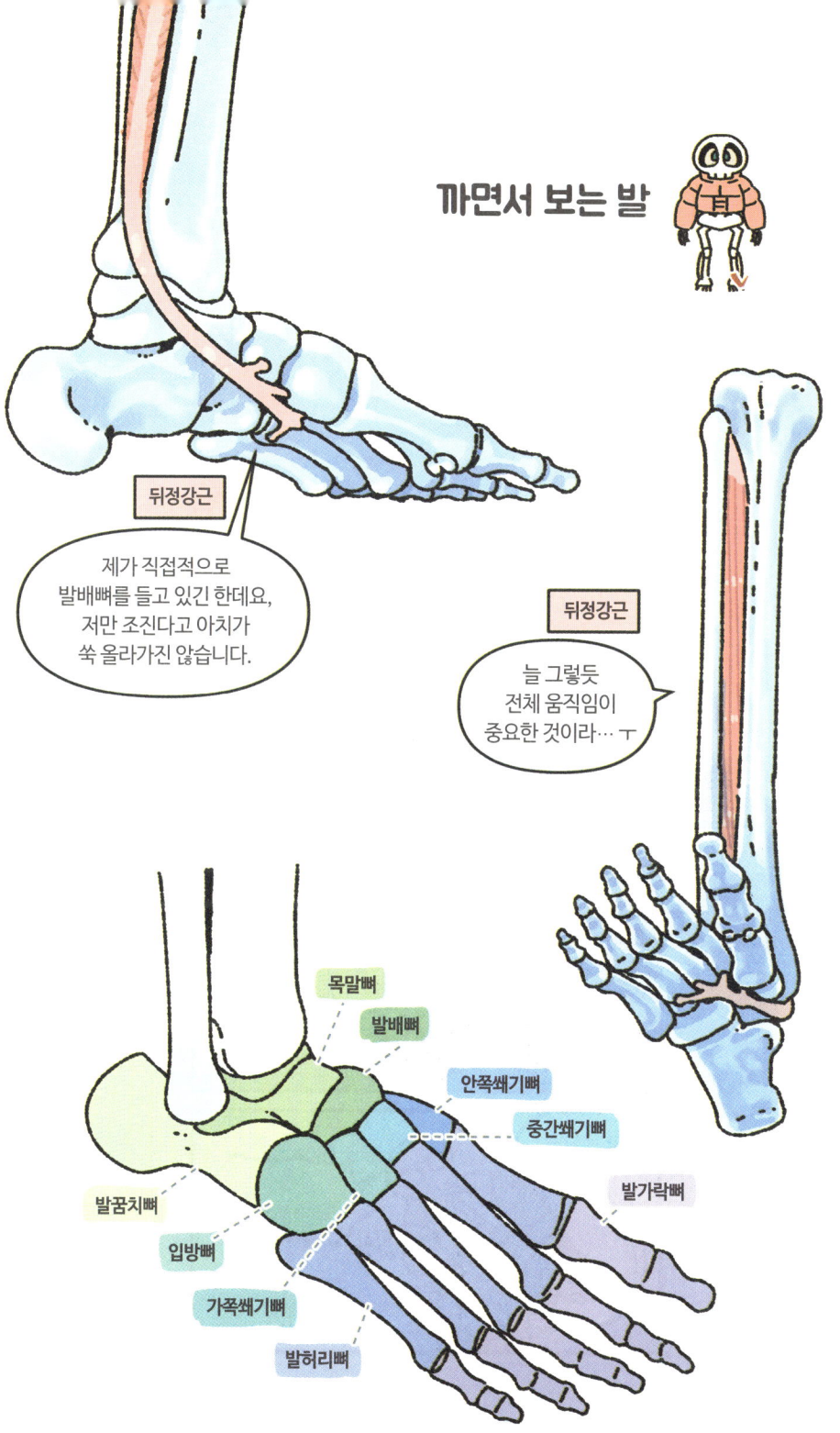

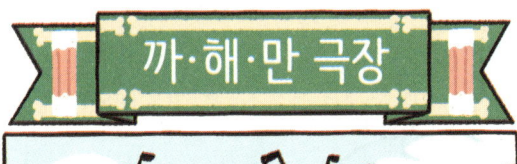

> 쉬면서 보는 해부학 칼럼

선천적 깔창

사람은 걸을 때 받는 충격으로부터 몸을 보호하기 위해 발바닥에 생각보다 두툼한 '지방 패드'가 깔려 있습니다. 선천적으로 타고나는 '깔창'이라고 할 수 있죠. 지상에서 가장 큰 동물인 코끼리도 이 선천적 깔창을 가지고 있는데, 두께가 어마무시합니다.

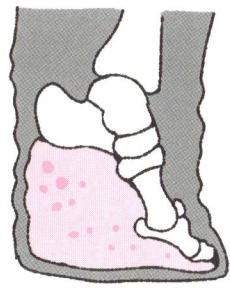
코끼리 발 단면

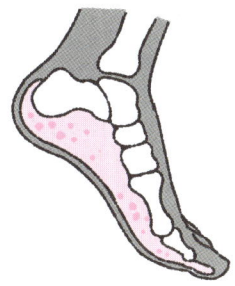
사람 발 단면

아무리 이족보행이라고 해도 0.1t 정도가 개중 많이 나가는 체중이라고 할 수 있는 우리 인간에게 이만큼의 지방패드가 있으니, 종에 따라 적게는 2t에서 많게는 8t까지 나가는 코끼리가 '슈퍼 깔창'을 가지고 있는 상황도 충분히 이해가 가죠.

눈을 뜬 그곳은…

그리고 갖가지 장기, 근육이

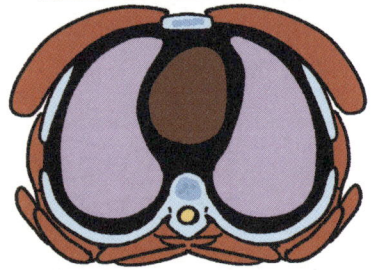

12쌍의 갈비뼈와 함께하는 세계였습니다.

사람은 겉이 아니라 속이 중요하다.

해부학적으로 그렇다.
아무튼 그렇다.

'가슴' 역시 보이는 부분보다 안이 더 중요한데

*심의를 준수한 컷입니다.

가슴의 틀을 구성하는 갈비뼈를 먼저 볼 필요가 있다.

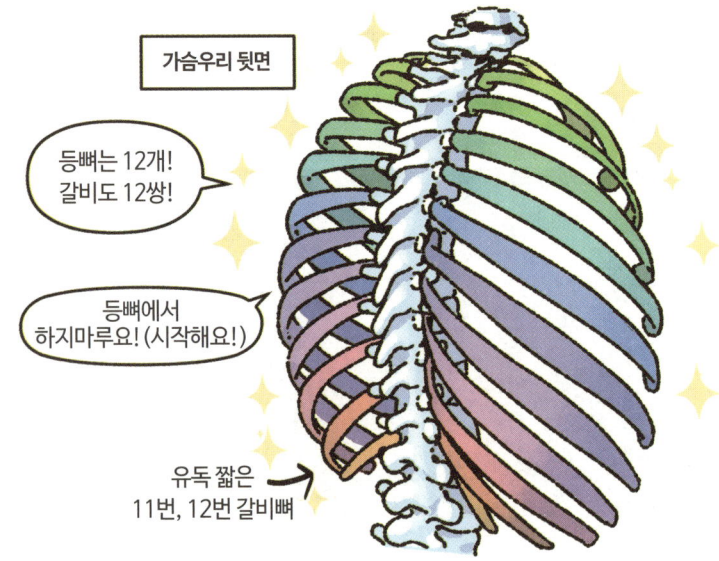

가슴우리는 흉곽, 흉통, 몸통 등
사방이 닫혀 있는 하나의 '통'처럼 불려온 만큼

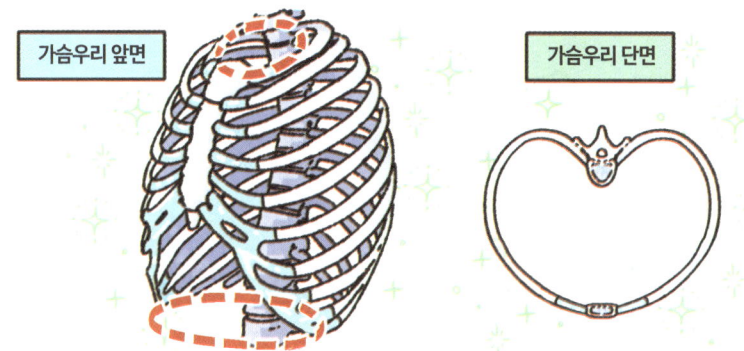

가슴우리, 특히 갈비뼈의 주요 기능은 뭐니 뭐니 해도 '장기보호'다.

심장, 폐, 간, 위, 비장이 갈비뼈에게 보호받고 있지.

심장퀸

크큭…

이 몸은 곧 주인공으로 나올 테니 딱 기다리고 있거라.

갈비뼈와 함께 가슴우리를 이루는 '복장뼈'는 흔히 말하는 '복장이 터질 때' 두들기는 그 부위로 넥타이같이 생긴 것이 특징이다.

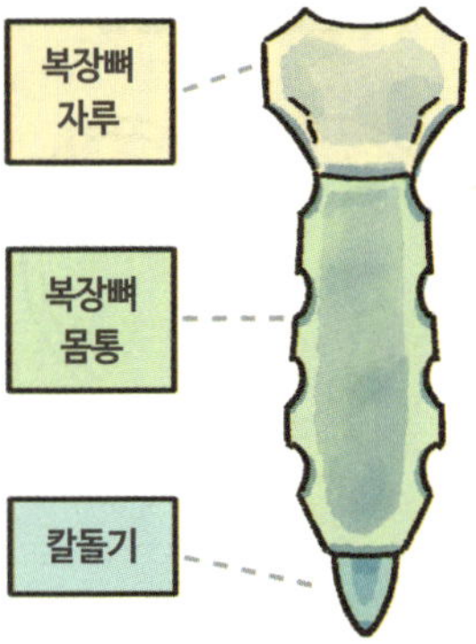

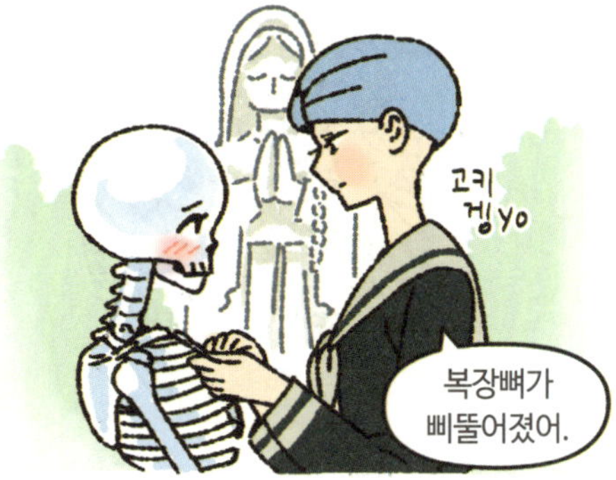

복장뼈는 갈비뼈와 직접 닿지 않고 갈비연골을 통해 연결되는데 심폐소생술의 흉부 압박 시 이곳이 종종 빠지기도 한다.

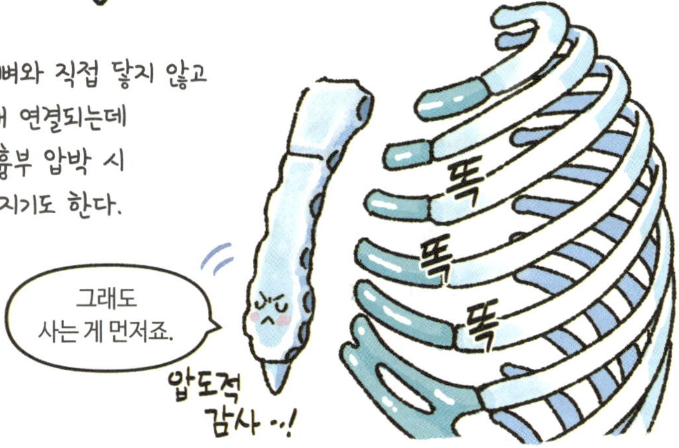

가장 쉽게 만날 수 있는 갈비연골이 우리에게 친숙한 '오돌뼈'다.

*정육 시 세로로 길게 자르면 갈비연골이 포함된다.

한편 갈비뼈의 뒤/옆쪽에는 종종 갈비뼈와 혼동되는
'앞톱니근'이 붙어 있다.

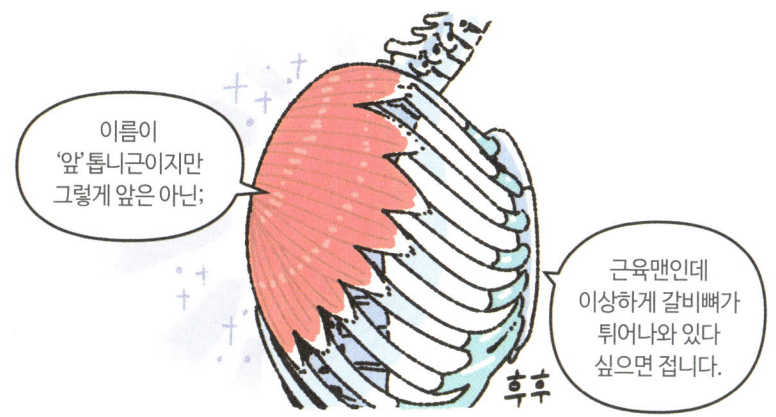

가끔 이 근육이 돋보이는 사람이 있지만

원체 볼륨감 있게 키우기 어려운 근육으로 유명하고
볼륨 있게 발달하는 사람은 극소수니
혹시 자라지 않아도 시무룩할 필요는 없다.

*아무 상관 없는데
저 파퀴아오 싸인 글러브 있음. ㅎㅎ

조금 위로 올라가면 굽은 어깨를 만드는 빌런 중 하나로 거론되는 '작은가슴근'이 있다.

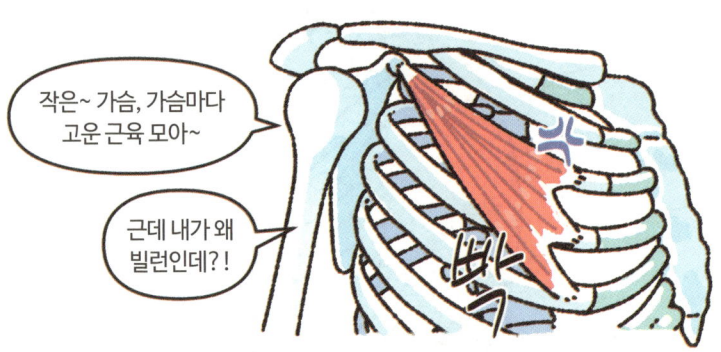

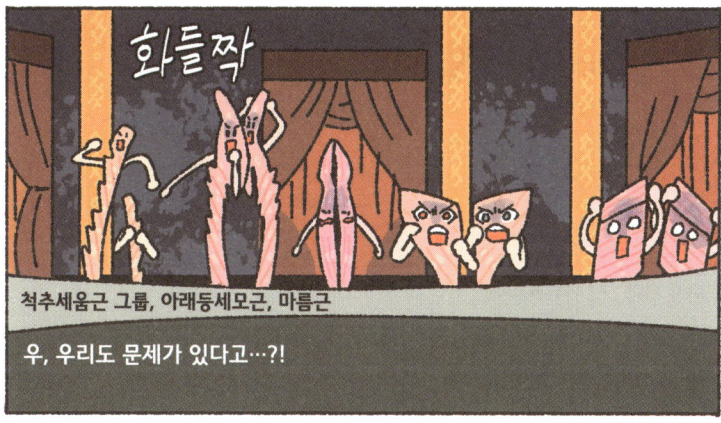

자세와 움직임은 평면적인 문제가 아니니
작은가슴근 '만' 손보는 것으로 굽은 어깨를 해결하기는 힘들다.

하지만 작은가슴근이
많이 쓰이는 것에 비해
잘 안 풀어주는 부위인 건
사실이기 때문에···

급소로 이용할 수 있다.

조금 아프지만 잘 만져주면
어깨가 한결 가벼운 느낌이 들 것이다.

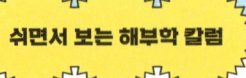

여성의 가슴 구조

여성의 가슴은 근육층까지 남성과 똑같지만, 그 위에 '지방'과 '유선'이라는 추가 파츠가 붙었다고 생각하면 이해하기가 편합니다.

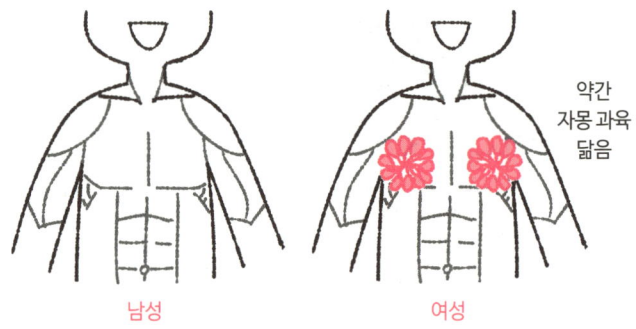

이 추가 파츠는 유방물혹, 섬유선종, 유방암 등의 버그가 종종 일어나기 때문에 보유 중인 사람들의 꾸준한 관심이 요구되며, 영상 검사 중 2개의 악명이 높습니다.

● **유방 조영술**

납작하게 눌러서 촬영. 상상만 해도 엄청나게 아플 것 같은데 실제로도 그렇다고 합니다.

- **생검(조직검사)**

굵은 주사로 조직을 채취해 검사합니다.

흔히 '맘모톰'으로 불리지만 정확히는 '진공흡인보조 유방생검술'.

별거 아닐 거 같은데 생살을 뚫는 일이라서 하루 정도는 많이 피곤할 수 있습니다.

인간은 '감각'을 통해 세계를 느끼고
'감정'을 통해 세계를 넓혀간다.

감각과 감정, 거기에서 나온 '생각'과 '마음'은
모두 뇌에서 이뤄지므로

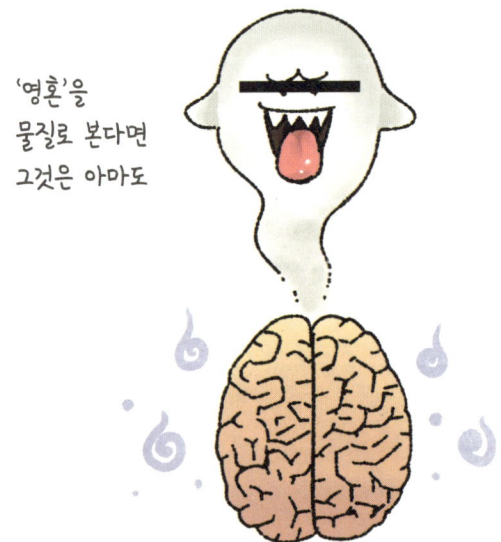

'영혼'을
물질로 본다면
그것은 아마도

'뇌'일 것이다.

'신경계'는 뇌를 포함하는 계통으로서, 감각으로부터 정보를 수집, 정리, 판단하고 명령을 내리는 몸의 수장이다.

뇌는 24시간 빠른 속도로 다양한 일을 처리하고

크기에 비해 많은 에너지를 소모한다.

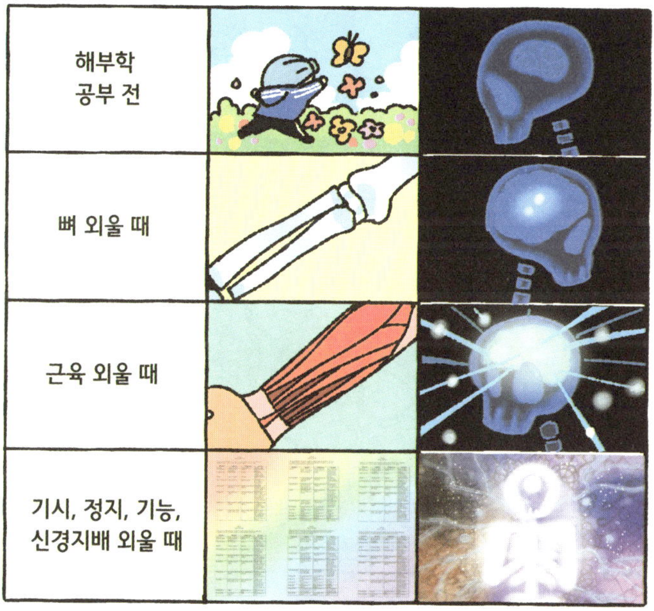

해부학 공부 전		
뼈 외울 때		
근육 외울 때		
기시, 정지, 기능, 신경지배 외울 때		

몸무게의 2%지만, 산소와 혈액의 20%를 사용해야 합니다… 할 수밖에 없습니다.

연비가 나빠서 죄송합니다…

뇌절까지 하네.

그렇기 때문에 신경계의 평화를 위해서는 뇌의 유일한 에너지원인 '탄수화물'을 적절하게 섭취해주는 것이 좋다.

뇌의 아래에는 신경계의 기둥인 '척수'가 붙어 있다.

2차로 뇌와 함께 뇌척수액에 의해 한 번 더 보호받는다.

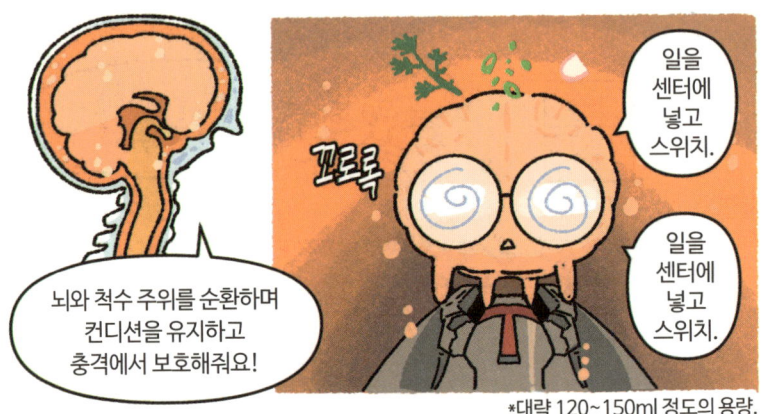

뇌에 각각 일하는 영역이 나뉘어 있듯, 척수도 부위별로 기능이 다른데

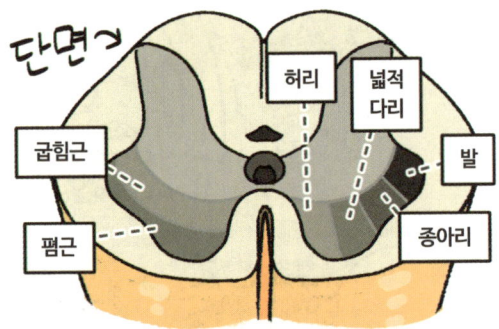

다 알려고 하면 굉장히 복잡하니 나비 같은 단면이나 구경하자.

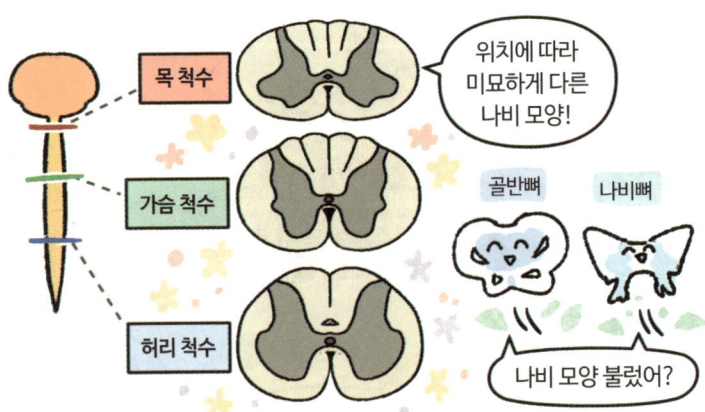

척수에서 시작하는 '말초신경'은
척추뼈 사이의
구멍으로 빠져나와

온몸에 총 43쌍의 신경가지를
나무처럼 촘촘하게 뿌리내리고 있다.

*머리의 뇌신경 12쌍은
뇌에서 직접 나옴.

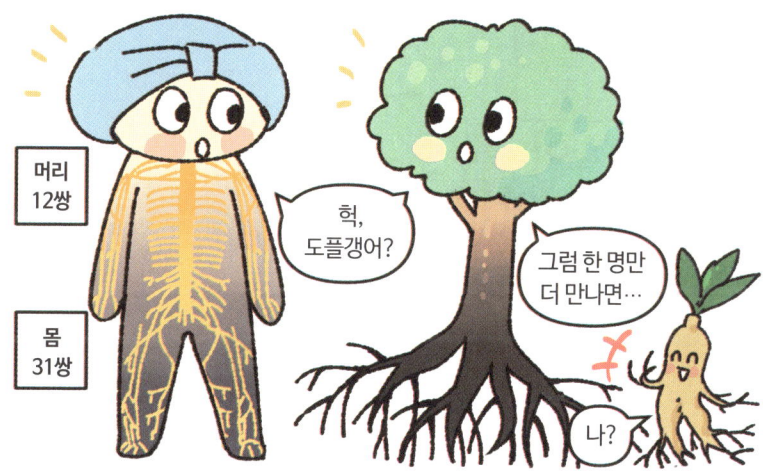

'말초신경'은 피부와 내장에 퍼져서

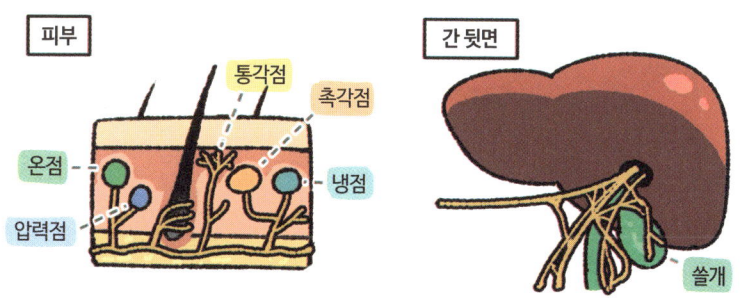

다양한 감각을 받아들이며

시각　　후각　　미각

머리끝부터 발끝까지 온몸을 지배한다.

감각신경이 포함된
얼굴의 삼차신경

아아아아아아

아아…
신경퀸 님…

엉엉~
날 가져요. ㅠ

다리의 피부신경

결국 우리의 몸과 마음 구석구석은 신경계에 지배받는 셈이다.

앞으로 스트레칭할 때나 팔꿈치를 부딪혔을 때 전기가 오면
기쁜 마음으로 '그분'을 영접하자.

쉬면서 보는 해부학 칼럼

자율신경계통 한눈에 보기

말초신경의 자율신경계통은 '교감신경'과 '부교감신경'으로 분류됩니다.

동공 크기 ↑
혈압 ↑
심박수 ↑
침 분비 ↓
소화 ↓
오줌 ↓

동공 크기 ↓
혈압 ↓
심박수 ↓
침 분비 ↑
소화 ↑
오줌 ↑

앞으로는 '지렸다' 대신 '부교감신경했다'고 합시다.

'하트 기호'는 '심장'을 표현했다고 알려져 있지만

심장은 그다지 하트 모양이 아니다.

심장의 위치는 보통 왼쪽으로 알려져 있는데

흠...

왼쪽에 빨간 것… 좌파군…

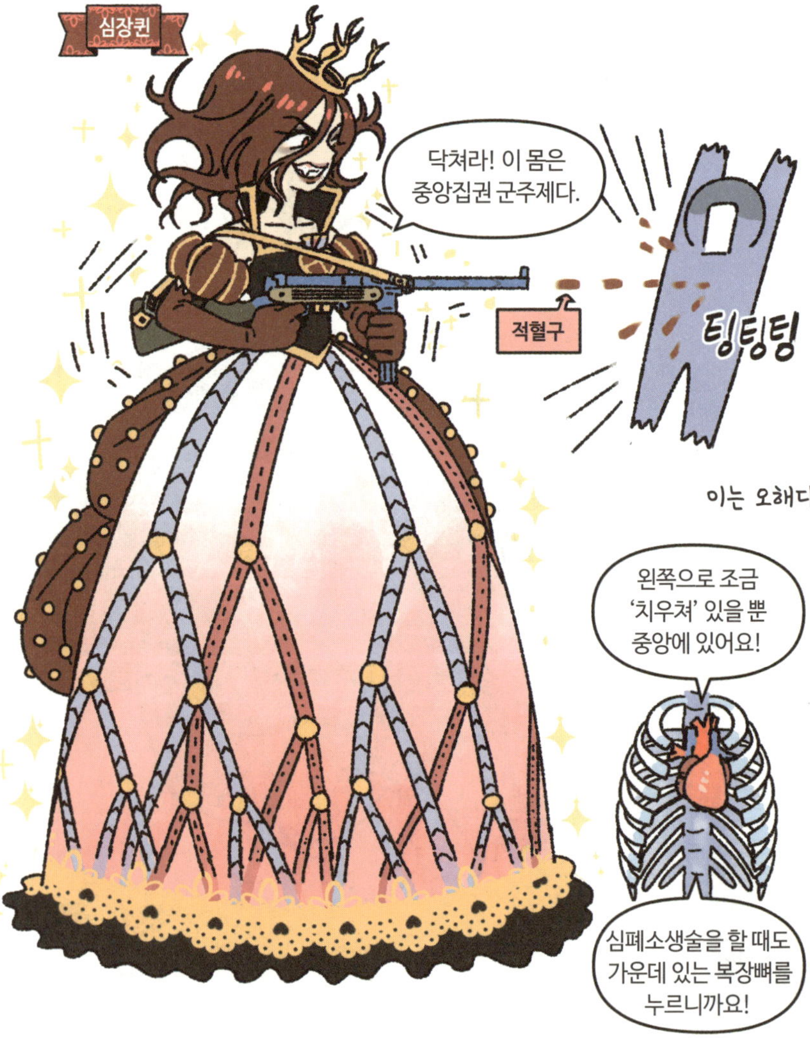

심장퀸

닥쳐라! 이 몸은 중앙집권 군주제다.

적혈구

팅팅팅

이는 오해다.

왼쪽으로 조금 '치우쳐' 있을 뿐 중앙에 있어요!

심폐소생술을 할 때도 가운데 있는 복장뼈를 누르니까요!

근데

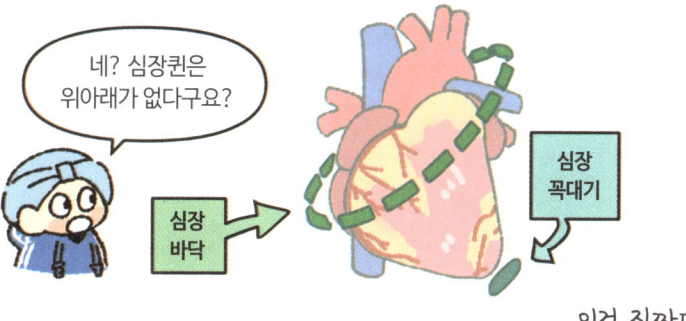

네? 심장퀸은 위아래가 없다구요?

심장 바닥

심장 꼭대기

이건 진짜다.

심장을 거꾸로 보면 심장의 표면을 감싼 '관상동맥'이 이름값 하는 모습을 볼 수 있다.

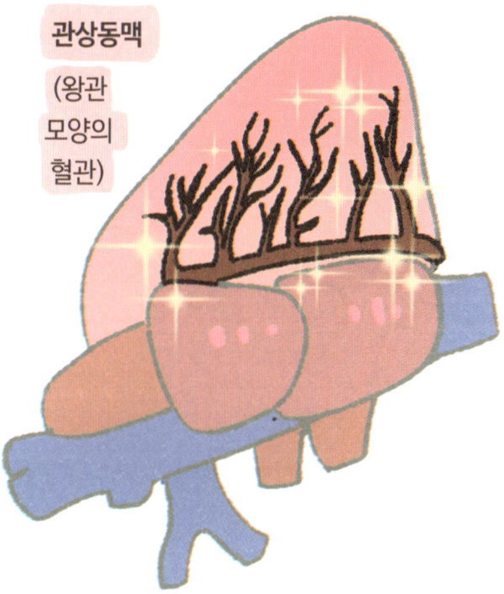

관상동맥 (왕관 모양의 혈관)

한편 심장의 안은 사이막과 근육, 판막에 의해 4개의 공간으로 나뉘는데

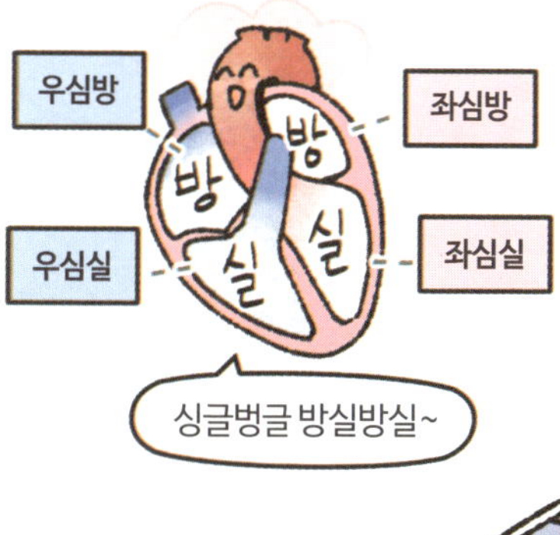

우심방 | 좌심방
우심실 | 좌심실

싱글벙글 방실방실~

그중 '심방'의 유래가
라틴어 아트리움(Atrium: 큰방, 거실)인 것에서

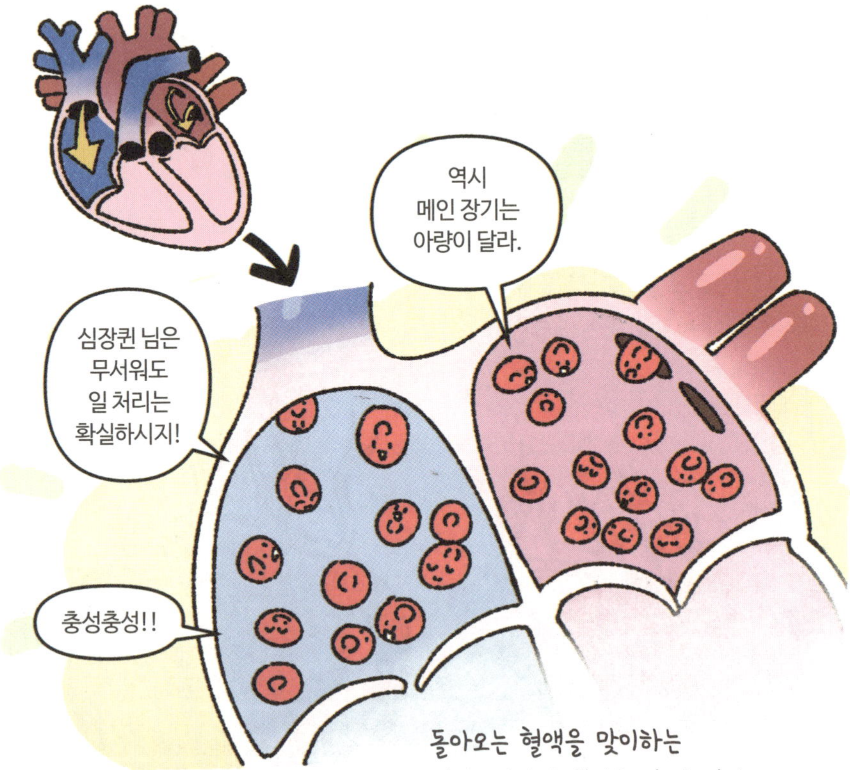

역시 메인 장기는 아량이 달라.

심장퀸 님은 무서워도 일 처리는 확실하시지!

충성충성!!

돌아오는 혈액을 맞이하는
심장의 '사랑방'임을 알 수 있다.

사랑방이 뭐냐! 이 몸과 어울리는 '아틀리에'라 불러라!

화실과 공방을 뜻하는 아틀리에(Atelier)의 어원도 아트리움(Atrium) 이에요!

사랑방을 거친 혈액은 폐에 들렀다 다시
몸 곳곳으로 퍼지는데,
이 과정은 심장 스스로 '강하게 쥐어짜야만' 가능하므로

그에 적합한 '근육'으로 이뤄져 있다.

심장의 근육은 자랄 수 있기 때문에 더 많은 심장박동을 하는
'운동선수'의 심장은 한층 더 근육질이 되기도 한다.

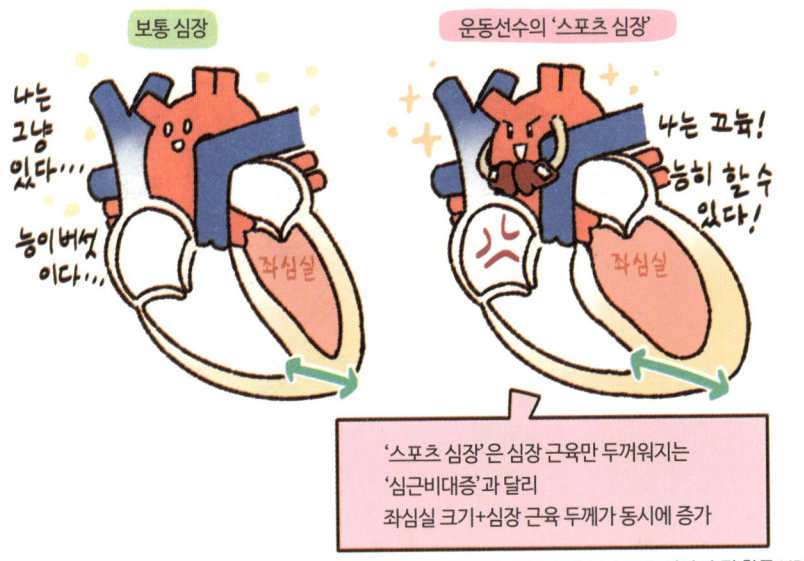

'스포츠 심장'은 심장 근육만 두꺼워지는
'심근비대증'과 달리
좌심실 크기+심장 근육 두께가 동시에 증가

*높은 지구력을 요하는 종목일수록 스포츠 심장이 될 확률 UP!

이때 심장 왼쪽 아래에 있는 '좌심실'이 유독 두꺼워지는 건
출구인 '대동맥'으로 혈액을 힘차게 짜기 때문이다.

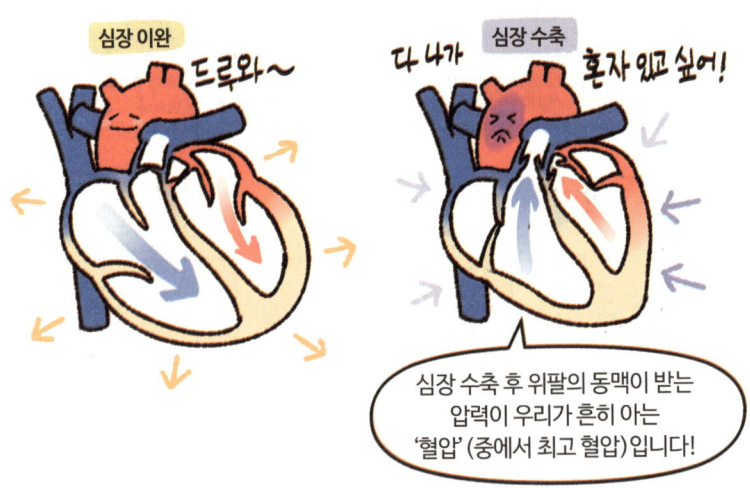

심장 수축 후 위팔의 동맥이 받는
압력이 우리가 흔히 아는
'혈압'(중에서 최고 혈압)입니다!

심장에서 뻗어 나온 '혈관'은 크게 '정맥'과 '동맥'으로 나뉘는데

둘 다 겹겹으로 비슷한 구조지만 정맥에는 역류하는 것을
방지하기 위해 '판막'이라는 추가적인 구조물이 존재한다.

*최근엔 하체뿐만 아니라 몸 곳곳에서 '정맥류'가 종종 발견된다고 함.

혈관은 몸 곳곳에 산소와 영양분 등
다양한 성분을 유통시키는 통로로서 '순환계'의 임무를 다한다.

참고로 몸을 지키는 면역세포인 '백혈구'는 또 다른 순환계인
'림프의 림프액'을 통해서도 몸을 순환하는데

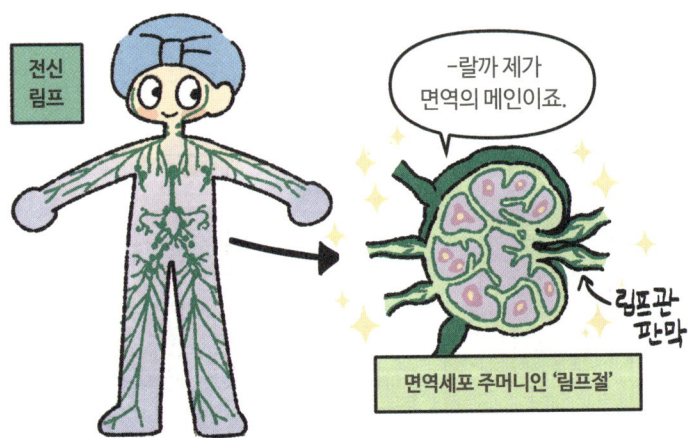

림프액은 혈액보다 느리게 순환하며
몸 곳곳의 세균, 바이러스와 싸우는 최전방의 전사라 할 수 있다.

그렇기 때문에 림프액이 담긴 '림프절'을 마사지해주면 면역세포의 순환을 촉진시켜 컨디션에 도움을 줄 수 있다.

쉬면서 보는 해부학 칼럼

인간의 연결·고리·거리

탯줄은 출산 전까지 산모와 태아를 물리적으로 연결하는 '생명줄'로, 호스 하나가 아니라 2개의 동맥과 하나의 정맥이 꼬인 '밧줄' 같은 모양을 하고 있습니다. 태아는 탯줄을 통해 산모에게 노폐물과 이산화탄소를 배출하고 영양분과 산소를 공급받는 대사 과정을 '의지'해 성장합니다.

이 탯줄의 길이는 보통 약 50cm인데, 너무 길면 꼬이거나 태아를 휘감을 수 있고, 너무 짧으면 분만 중간에 탯줄이 빨리 끊어질 수 있습니다.

출산 후 태아의 배에 남은 탯줄은 시간이 지나면 자연스럽게 떨어지는데, 약 한 달 이상 남아 염증을 일으키는 경우도 간혹 있습니다. 문제없이 탯줄이 떨어지면 그 자리는 '산모와 태아의 물리적 연결의 흔적'을 남기는 배꼽이 됩니다.

인간의 독립은 이 탯줄과 비슷한 구석이 있습니다.

우리는 성인이 되기 전까지 한집에 사는 가족에게 다양한 것을 '공급'받고 '의지'하며 성장합니다. 이때 인간적인 (물리적, 정신적) 거리도 탯줄처럼 너무 길거나 짧으면 트러블이 생길 수 있습니다. 또는 독립 후 '의지하던 관성'을 버리지 않고 태아 시절만 그리워해도 문제가 생기죠. 하지만 시간이 지나 외부환경에 적응해 '가족과 직접 연결되어 있던 흔적'을 '추억'으로 남기게 된다면, 마침내 완전히 '독립'한 인간으로 다시 '태어나는' 겁니다.

우리는 24시간 의식하지 않고 숨을 쉬지만

숨 쉬는 과정은 생각보다 만만치 않다.

호흡계는 콧구멍부터 시작된다.

콧구멍으로 들어온 공기는 머리뼈 사이에 마련된
4개의 코곁굴(부비동)에서 따뜻하고 촉촉하게 데워지고

끈끈한 부비동 벽에 붙잡힌 세균과 바이러스는 콧물이 돼
목구멍을 통해 위장으로 흘러가 안전하게 파괴된다.

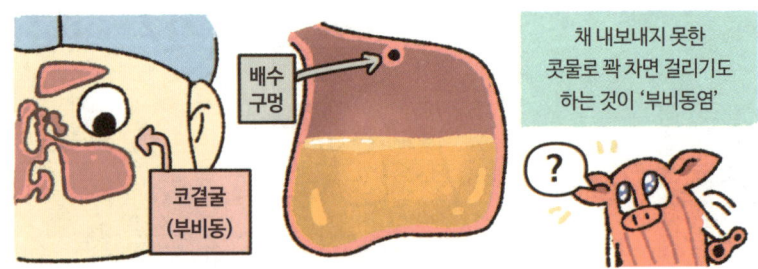

이것은 그저 흔한 설계 오류다. 이의제기는 각자 해보자. 🙏✝

또 다른 설계 오류 중 하나가 코안과 허파(폐)의 중간에 있는 '후두와 식도'다.

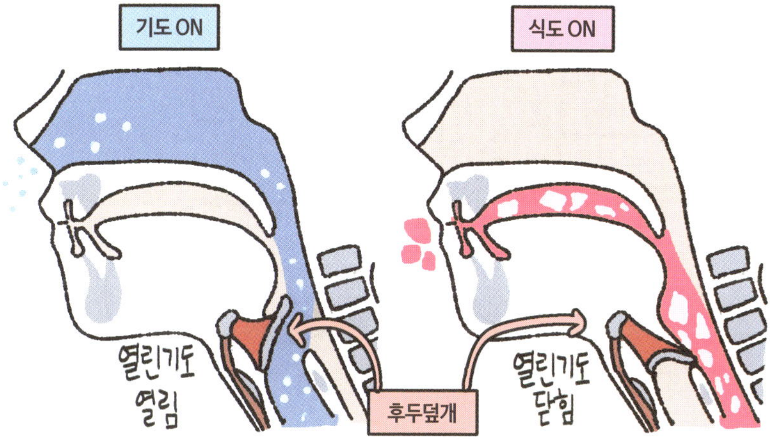

*후두덮개는 포유류에게서 보이는 공통된 구조지만 인간의 후두는 높이 위치한 탓에 움직일 공간이 작아 더 불리하다.

후두를 무사히 통과한 공기는 기도를 지나 갈림길과 맞닥뜨린다.

양쪽으로 나눠진 허파(폐)는 콩팥과 달리 대칭이 아니라
왼쪽이 약간 파인 모양인데

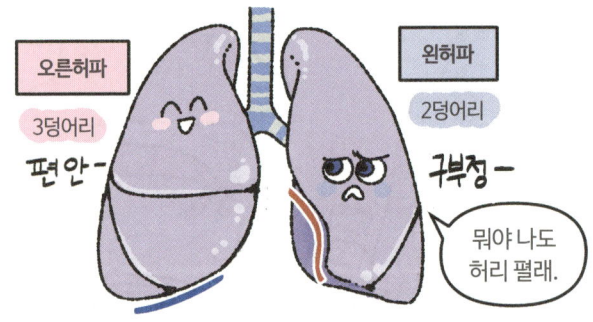

그 이유는···

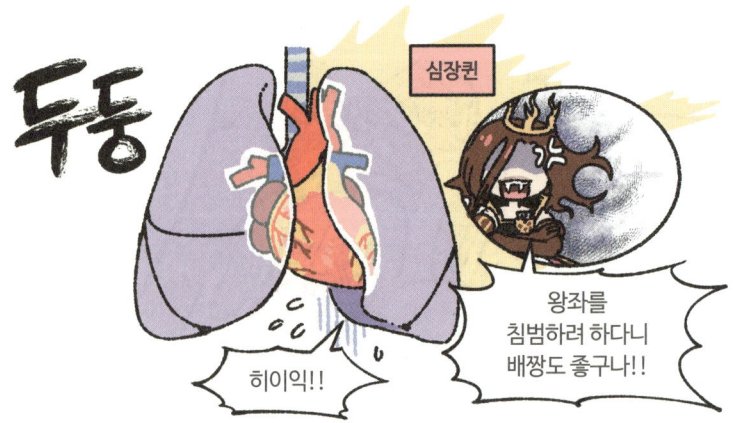

Q: 왜 심장을 피하시나요?

A: 그곳에 여왕님이 있기 때문입니다.
(Because It's there.)

이후 산소가 기관지를 지나
허파의 꽈리에 당도하면 '그것이' 시작된다.

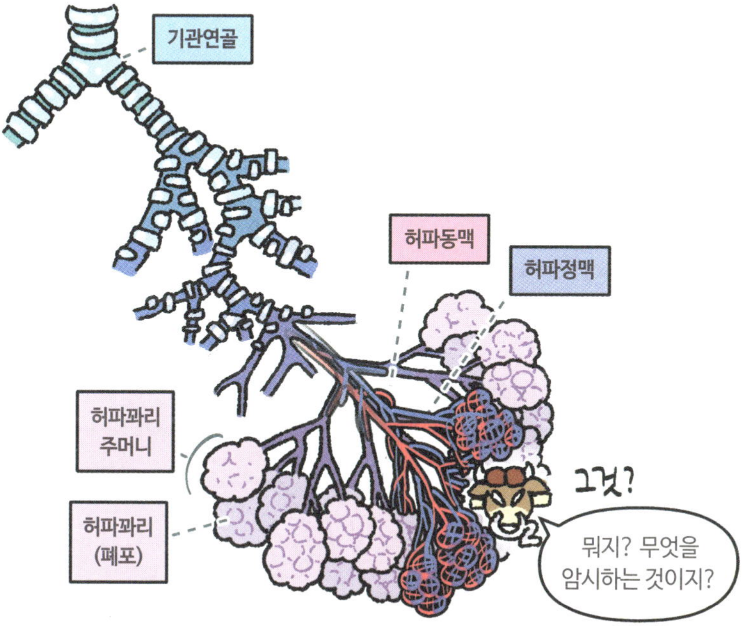

적혈구가 가져온 이산화탄소를 허파꽈리의 산소와 교환하는 '가스교환'이 일어나는 것이다.

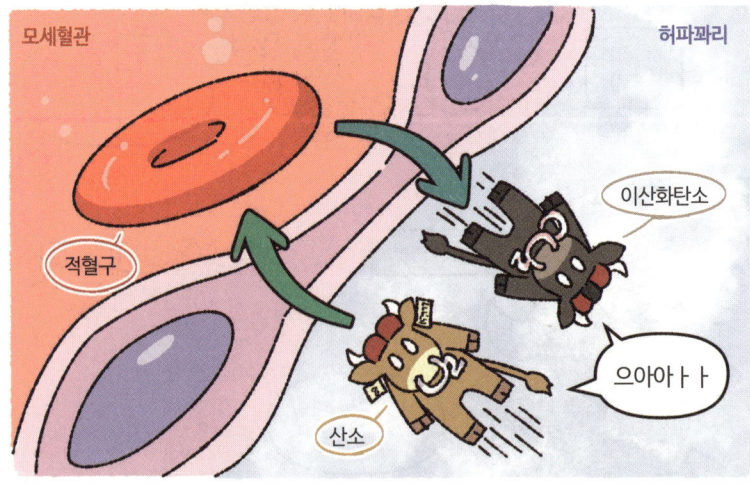

폐에서 산소를 얻은 혈액은 다시 심장으로 가서

여왕님을 알현한 뒤

대동맥을 타고 온몸으로 퍼진다.

허파 한 곳에서 혈관을 통해 몸 전체에 영향을 끼치는 것이다.

한편, 여기저기 흩어진 상태로
혈관을 통해 영향을 주는 장기도 있다.

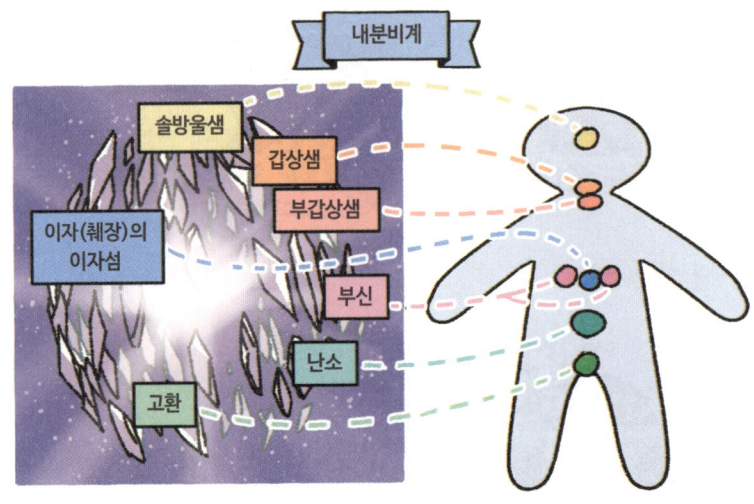

'내분비계'는 표적기관의 활동을 조절하는 화학물질인
'호르몬'을 분비하는 계통으로

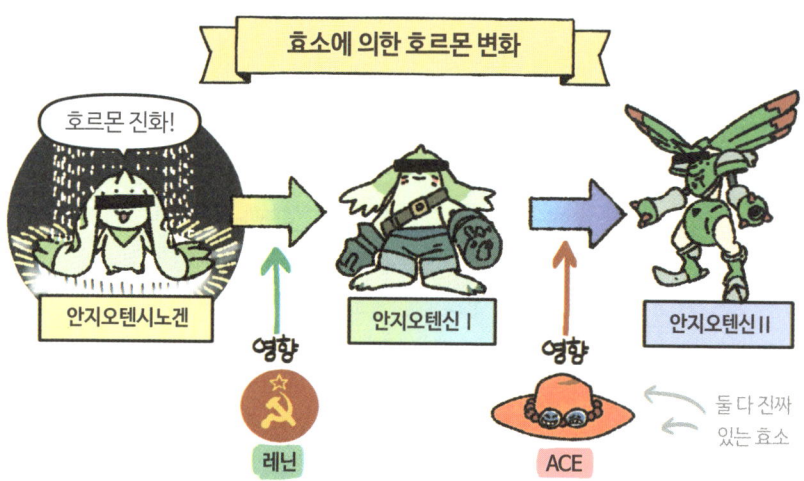

호르몬은 뼈와 근육의 성장과 감소, 수면, 수분량 조절 등 많은 일을 하는데, 그중 대표적인 것이 '혈당 조절'이다.

참고로 '생식기'인 고환과 난소도 성호르몬을 분비하며 내분비계 기능을 하지만···

인간은 배변 행위가 공공연하게 알려지는 것을 꺼려한다.

그것은 섭취부터 배변에 이르는 소화 과정에서 '소화계'가

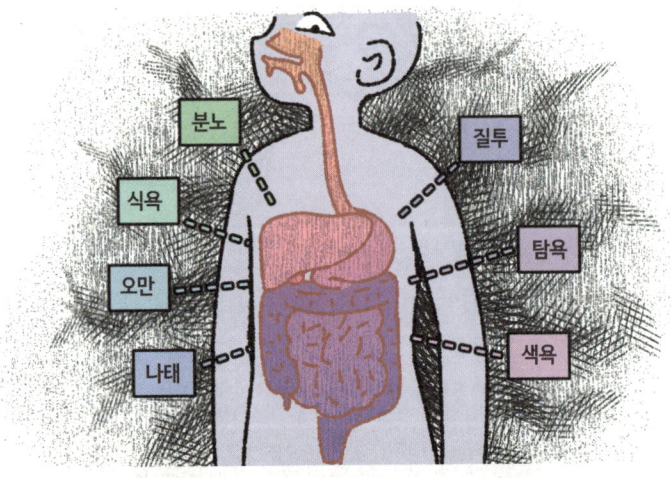

'7대 죄악'을 행하는 것을 무의식중에 느끼고 있기 때문이다.

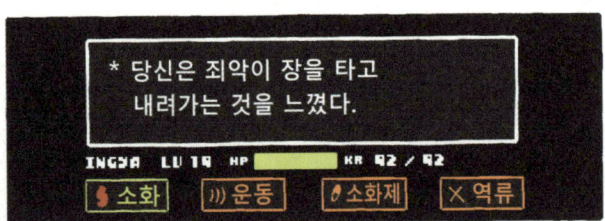

인간은 화가 나면 씹거나

'치아'는 소화를 돕는 '소화부속기관'으로,
음식을 씹어 부수며 소화와 죄악의 시작을 알리는데

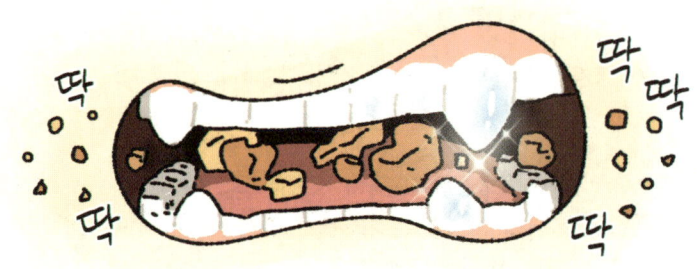

이 치아는 몸에서 가장 단단한 물질인 '에나멜'로 코팅되어 있어
대충 아무거나 무자비하게 씹어 부수며 분노를 풀기에 좋다.

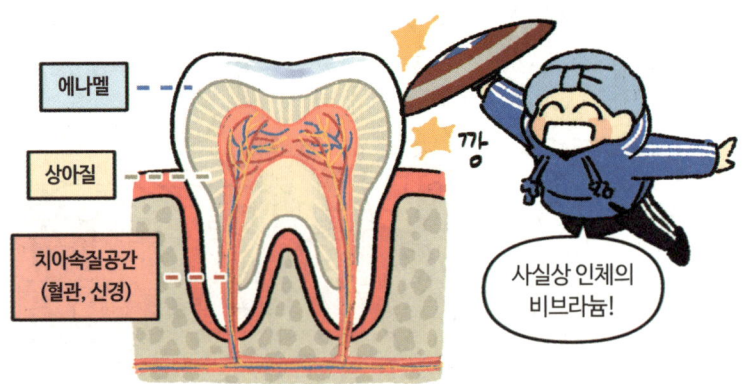

죄악 2. 질투와 침샘

인간은 욕구를 채우지 못하고 상대적 박탈감을 느낄 때 질투를 한다.

다른 말로 '샘'을 낸다고도 하는데

얼굴에만 샘이 이렇게 많으니 어쩔 수 없는 노릇이다.

치아가 물리적 소화의 시작이듯, 침은 화학적 소화의 시작이 된다.

죄악 3. 식욕과 혀

하늘 아래 새로운 것은 없지만 '먹어봐야 어차피 아는 그 맛'은
인간을 몹시 유혹한다.

맛을 느끼는 '혀'는 음식물을 씹고 삼키는 활동을 돕는 뼈대근이다.

끊임없이 맛을 추구하며 과식이라는 죄를 범하게 하지만
소화 이외에 대화할 때도 꼭 필요하므로 혀 역시
어쩔 수 없는 부위다. 포기하자.

죄악 4. 탐욕과 위

무엇을 먹을 때는 맛과 함께 '포만감'을 추구하며
위를 가득 채우고 싶어 하기 마련이다.

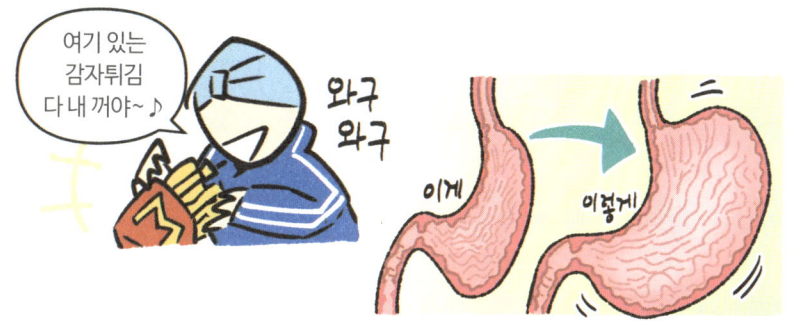

위는 공복 시 50㎖인 용적을 최대 약 4L까지
늘릴 만큼 탐욕에 특화된 장기라 할 수 있는데

위에서는 잘게 부서진 음식물이 위액에 의해 묽은 죽처럼 변하고,
단백질 분해가 시작된다.

*알코올과 약간의 수분도 흡수.

죄악 5. 오만과 편견과 간

위 옆에는
오만하기로 유명한
'간'이 있다.

간에 대한 편견
: 배 밖으로
나옴.

간은 직접적으로 소화를 하는 장기는 아니지만
'쓸개즙'을 만들어 화학적 소화를 돕는다.

다시 위로 돌아오면, '작은창자(소장)'가 바로 연결되어 있다.

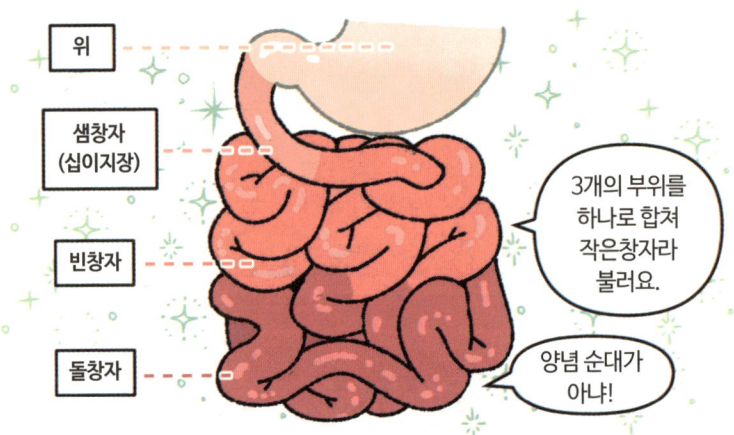

'작은창자'는 위에서 만든 묽은 죽의 산성을 중화하고
영양분과 수분을 흡수하는데, 영양분마다 흡수하는 장소가 다르다.

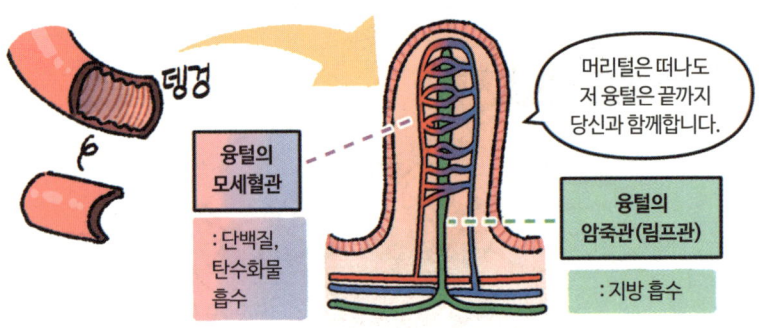

마지막 소화관인 큰창자(대장)는
작은창자를 감싸듯 위치하며 7가지 부위로 나뉘는데 　*책이나 사람마다 조금씩 다름.

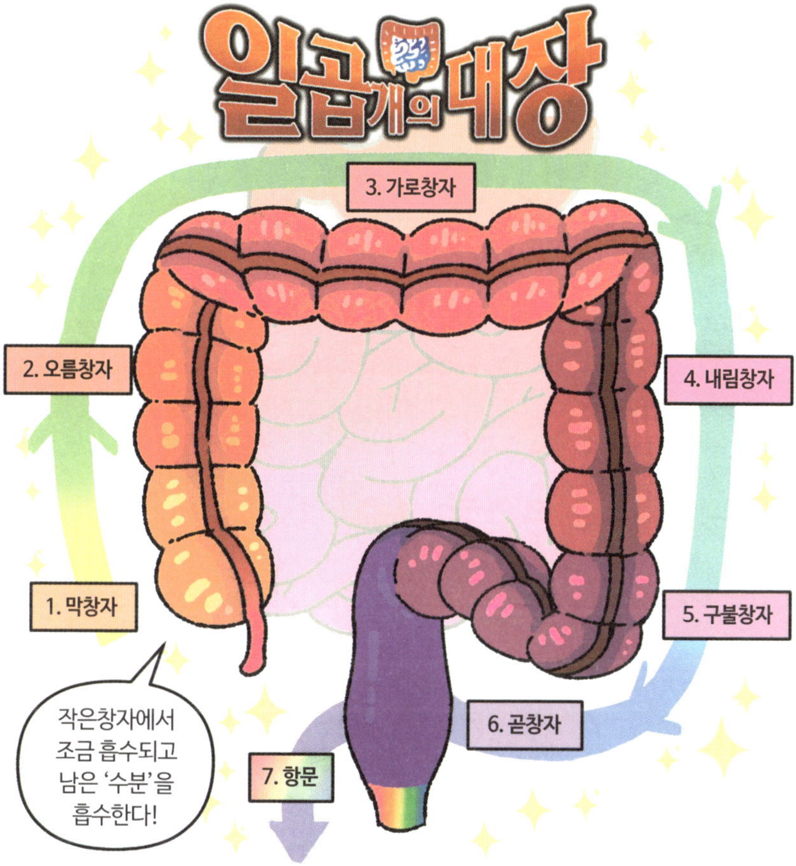

일곱개의 대장

- 3. 가로창자
- 2. 오름창자
- 4. 내림창자
- 1. 막창자
- 5. 구불창자
- 6. 곧창자
- 7. 항문

작은창자에서 조금 흡수되고 남은 '수분'을 흡수한다!

이 중 막창자 끝에 뜬금없이 돋아 있는 것이
흔히 말하는 '맹장염'이 일어나는 '막창자꼬리(충수)'다.

탱자탱자 / 개꿀

아무런 일도 안 하고 그냥 살아요.

부럽지?

죄악 7. 색욕과 항문

항문(Anus)의 어원은 '고리'다.

어떤 느낌인지 아시죠?

여기서 '작은 고리(Anulus)', 다른 말로 하면 '반지'가 나오고 반지를 끼는 '약지(Digitus Anularis)'도 나온다. 즉—

항문은 반지! 색욕은 로맨스! 이 조합은 약지에 끼는
'결혼반지'와 '사랑의 약속'을 뜻하는 것이다!!

…별로 상관없잖아?

멍청아!
뜬금없이 희망찬 반전으로 후다닥 끝내는 유서 깊은 엔딩이라구!

아무튼 항문은 사랑이다.

매일 금빛 결과물을 내주는 항문은 금반지보다 귀하니까요!

쉬면서 보는 해부학 칼럼

소화계를 은밀히 캐리하는 '이자'

본편에서는 언급하지 못했지만 '이자'는 내분비계와 소화계 양쪽에서 활약하는 장기입니다. 이자는 이자섬(랑게르한스섬)에서 분비하는 혈당조절 물질인 인슐린과 글루카곤 말고도 이자액을 분비하는데, 여기에는 탄수화물, 지방, 단백질을 분해하는 다양한 소화효소가 들어 있습니다. 이자는 큼직한 소화계 장기들처럼 연동운동을 하지는 않지만, 위장의 뒤쪽에 숨어 샘창자로 이자액을 분비하며 은밀히 그리고 바쁘게 소화계를 돕고 있는 것입니다.

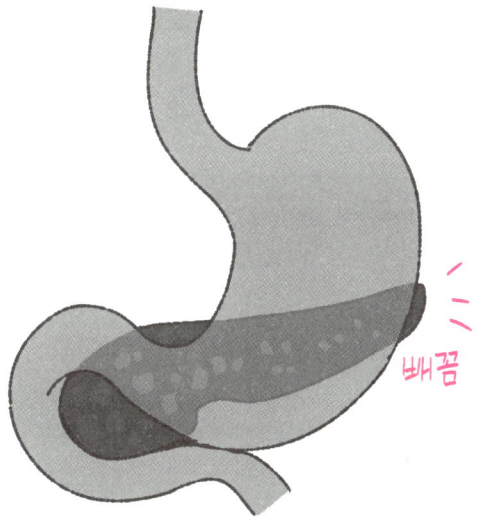

위 뒤에 숨어 있는 이자

옛날 어른이들에겐 호환, 마마, 전쟁 등이 가장 무서운 재앙이었으나

현대의 어른이들은 무분별한 개꿀잼 콘텐츠를 시청함으로써,
도네를 쏘는 무서운 결과를 초래하게 됩니다.

우수한 교육 만화인 까해만을 선택, 활용하여
우리 모두가 바른 길잡이가 되어야겠습니다.

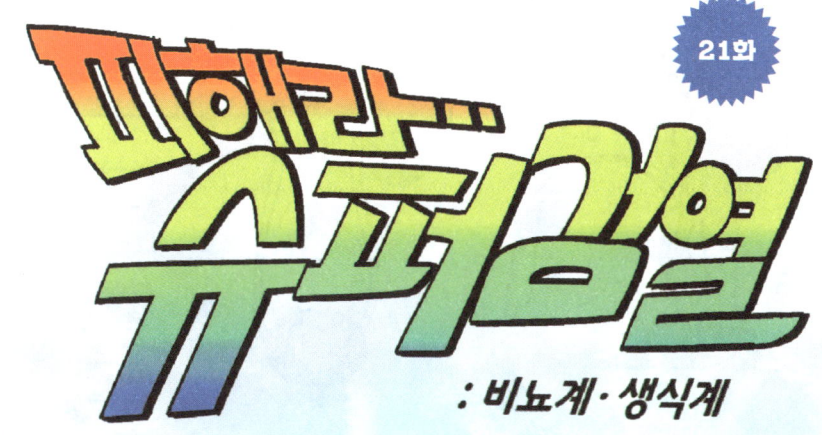

'비뇨계'는 오줌을 만들고 보관했다가 내보내는 기관을 뜻한다.

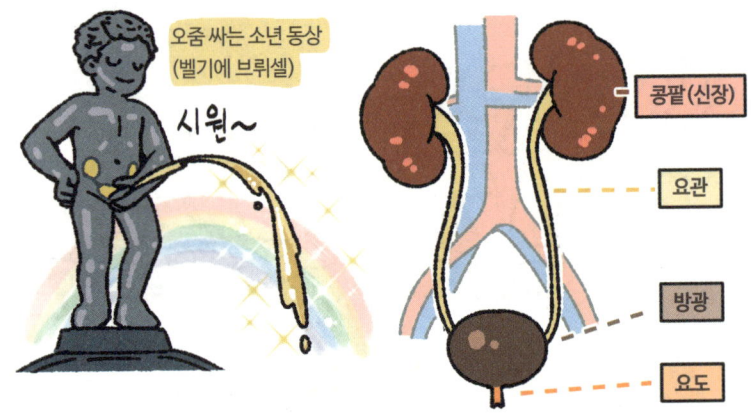

이 중 '콩팥(신장)'은 인접해 있는 굵은 혈관에서 들어온 '혈액'을 걸러 오줌을 만드는데

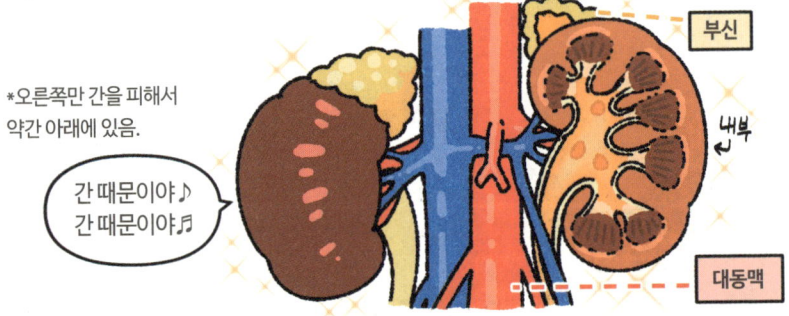

'뭔가를 걸러 뜨끈한 액체'를 만든다는 것과 내부의 모양이 왠지 '커피 드리퍼'를 연상시키지만

오줌은 한 번 걸러 만드는 커피와 달리
여과되고 재흡수되었다가 '다시' 거르는 과정을 거친다.

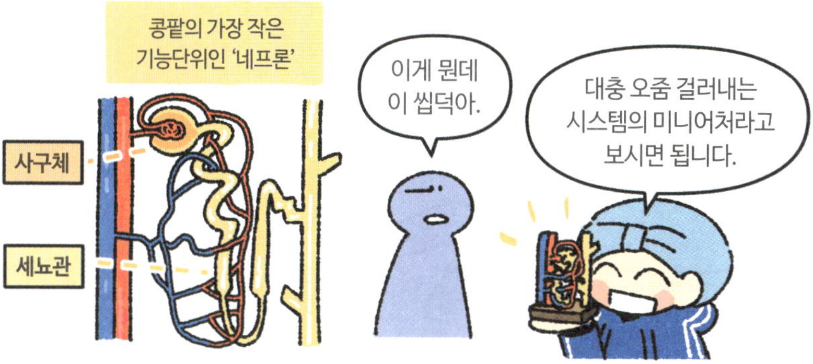

콩팥의 가장 작은 기능단위인 '네프론'

사구체
세뇨관

이게 뭔데 이 씹덕아.

대충 오줌 걸러내는 시스템의 미니어처라고 보시면 됩니다.

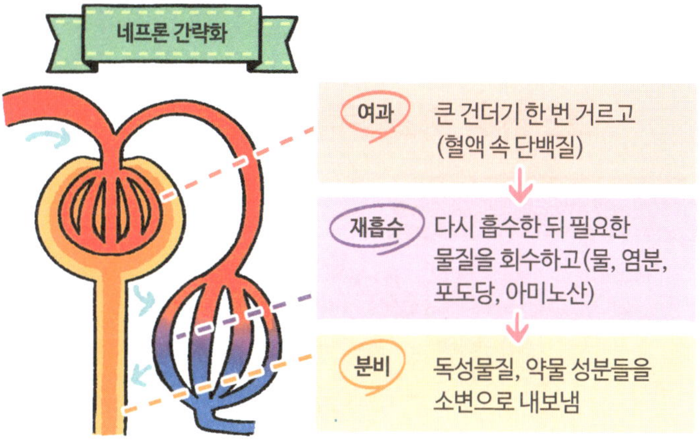

네프론 간략화

여과 큰 건더기 한 번 거르고 (혈액 속 단백질)

재흡수 다시 흡수한 뒤 필요한 물질을 회수하고 (물, 염분, 포도당, 아미노산)

분비 독성물질, 약물 성분들을 소변으로 내보냄

이 진국은 일단 '방광'에 모였다가

*방광의 용량 자체는 약 500ml지만 150ml 정도만 차도 신호가 온다.

'요도(feat. 생식기)'를 통해 배출된다.

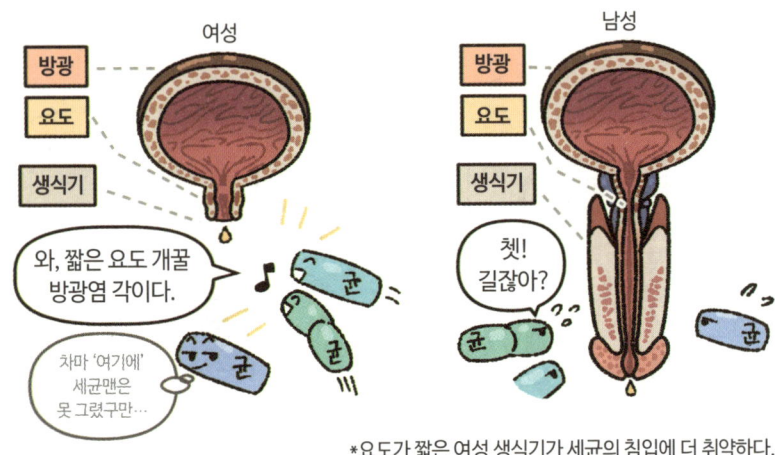

*요도가 짧은 여성 생식기가 세균의 침입에 더 취약하다.

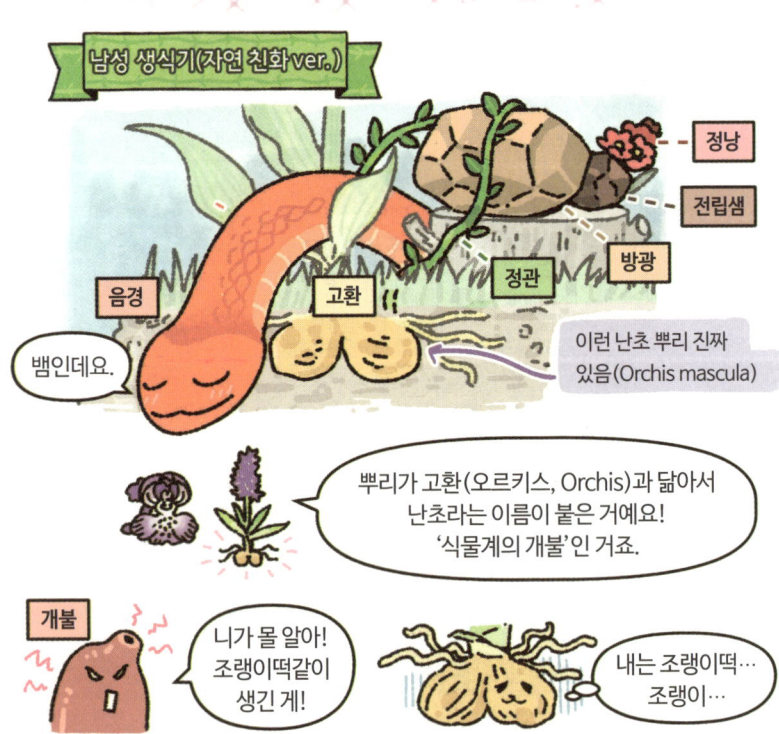

'음경'에 뼈 대신 스펀지 같은
'해면체'가 들어 있는 건 잘 알려진 사실이고

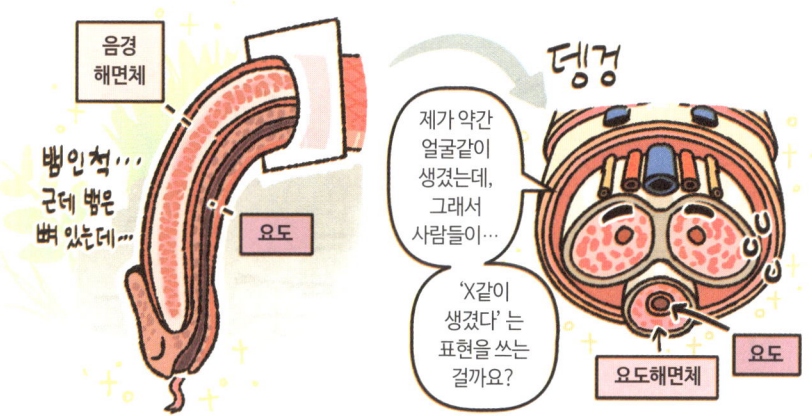

이 음경해면체의 '해면체굴'에 피가 몰리는 것이 바로 '발기'다.

음경 아래에 있는 '고환'의 내부는
정자를 만드는 미세한 관으로 꽉 차 있다.

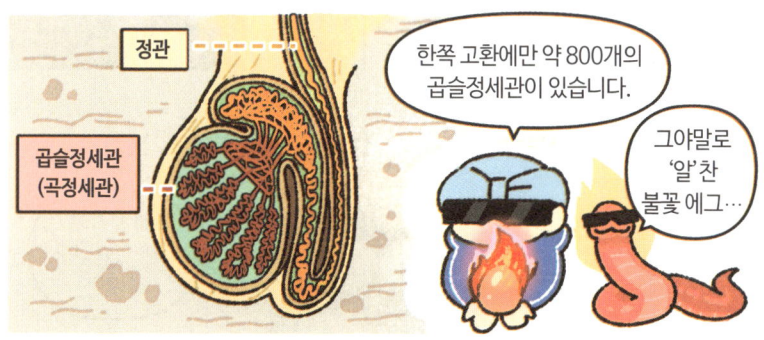

여성 생식기 중 눈에 보이는 부분은 빙산의 일각이고 전체 모습이 잘 안 알려진 편인데

그중 '음핵'은 '음경'처럼 해면체로 되어 있어 피가 몰리면 '발기'한다.

자궁의 양쪽에 있는 '난소' 내부는 혈관이 풍부한 속질로 꽉 차 있고

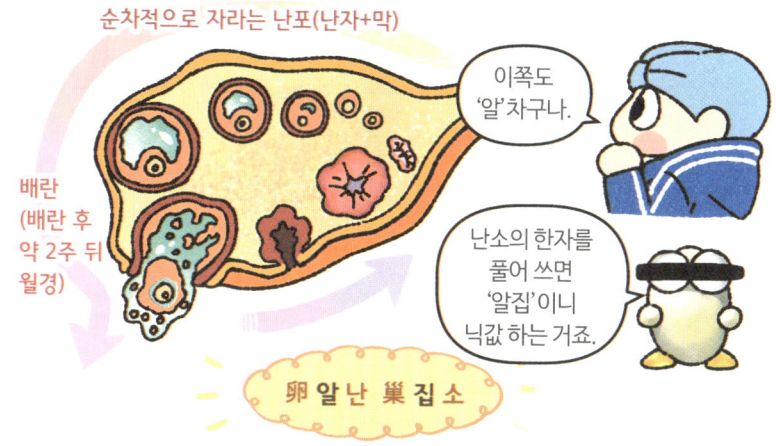

남성도 여성도 이 '알'에서 '성호르몬'을 분비한다.

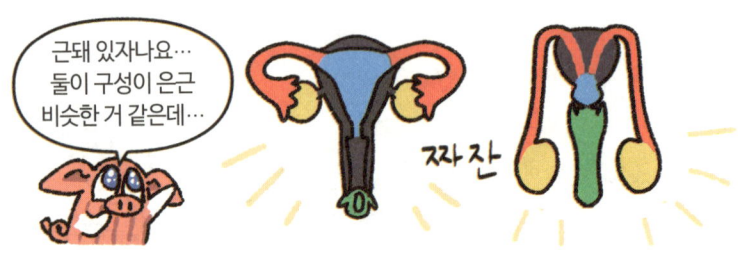

그렇다. 남성 생식기와 여성 생식기의 '시작'은 같다.

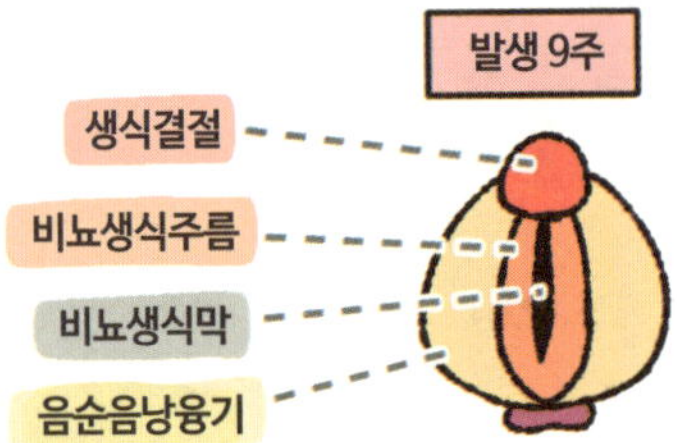

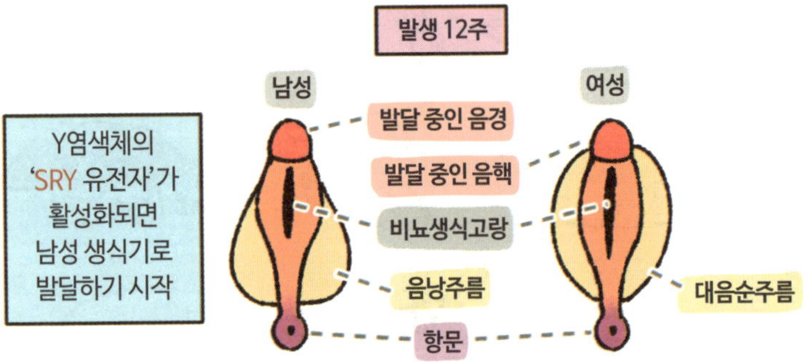

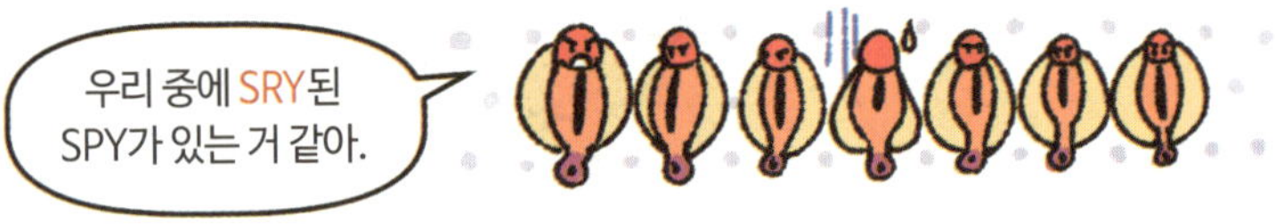

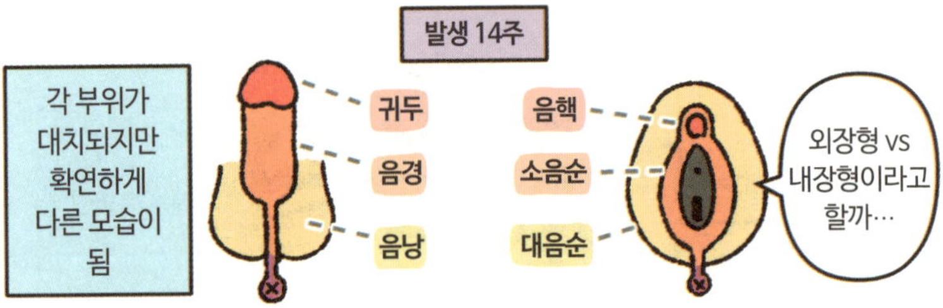

까·해·만 극장

쉬면서 보는 해부학 칼럼

소변검사라뇨?

소변은 대사활동의 결과물이기 때문에, 몸의 상태 또는 신장 자체의 문제로 성분과 색이 변하기도 합니다.

1. 옅은 색 소변

많은 수분 섭취

2. 형광 노랑 소변
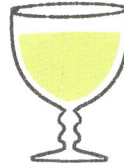
비타민 드셨군요?

3. 오렌지색 소변

적은 수분 섭취, 탈수

4. 오렌지색, 붉은색, 검붉은 색 등 피가 섞인 소변

비뇨계의 염증
(사구체신염, 요로염증)

5. 갈색 소변

횡문근융해증, 간의 질환

6. 푸른 소변

항우울제 복용
(아미트리프틸린 성분 등)

검사지를 이용한 소변검사에서는 적혈구(혈뇨), 백혈구(염증), 단백뇨(알부민. 알부민뇨가 더 정확한 표현), 포도당(당뇨), 케톤체(당뇨, 단식) 등을 검사합니다.

옛날옛날 해부 파는 덕후가 있었어요.

덕후는 결심했어요.

에필로그

인체를 여행하는 히키코모리를 위한 안내서

The Hikikomori's Guide to the Body

은하수를 여행하는 히치하이커를 위한 안내서 | 더글러스 애덤스 | 1979

영업을 한다고 했지만…

해부학을 배우는 사람은 보통 '세 가지 언어'로 다 외우는데

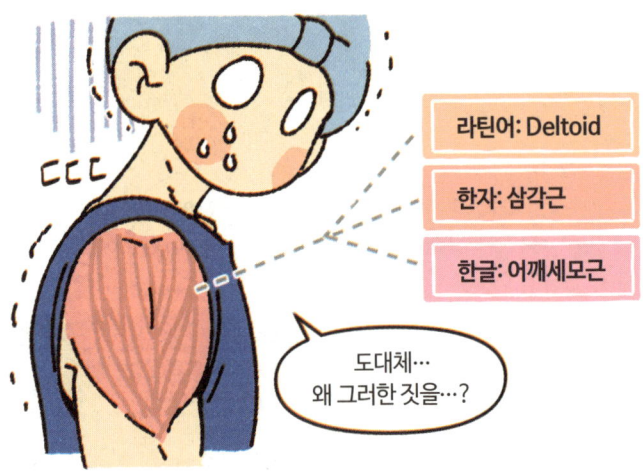

셋 다 장단점이 확실하기 때문이다.

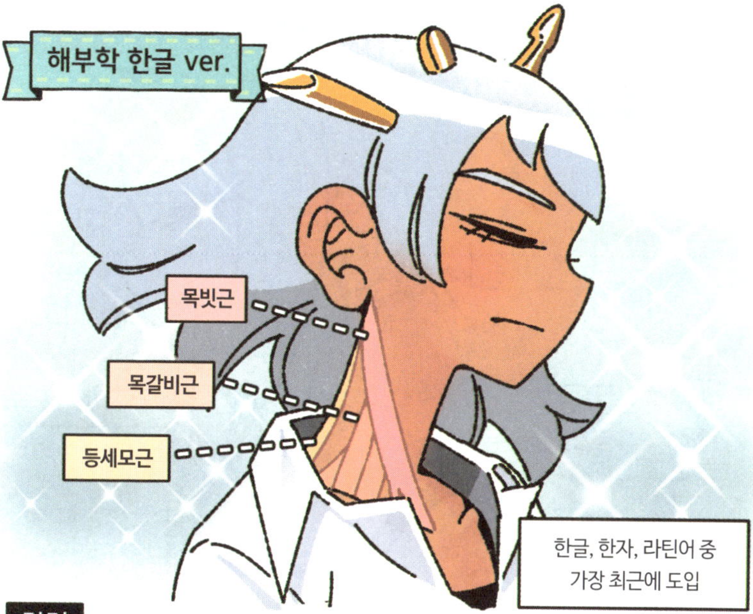

해부학 한글 ver.

- 목빗근
- 목갈비근
- 등세모근

한글, 한자, 라틴어 중 가장 최근에 도입

장점
직관적이고 이해하기 쉬움

목빗근: 아하! 목에 있는 빗금처럼 비스듬한 근육!

단점
아직 완벽히 자리 잡지 못했고 현장에서 그다지 쓰이지 않는 편

쓸쓸— 그래도 이제 나름 쓰이는 추세···

아이러니하게도, 초심자에게 가장 쉬운 대신 공부했던 사람에게 가장 어렵다.

노쪽손목굽힘근 (한글) — 우욱 헷갈려

요측수근굴근 (한문) — 편-안

하지만 잘 모르는 사람에게 설명할 때 가장 좋기 때문에 결국 한글도 외워야···

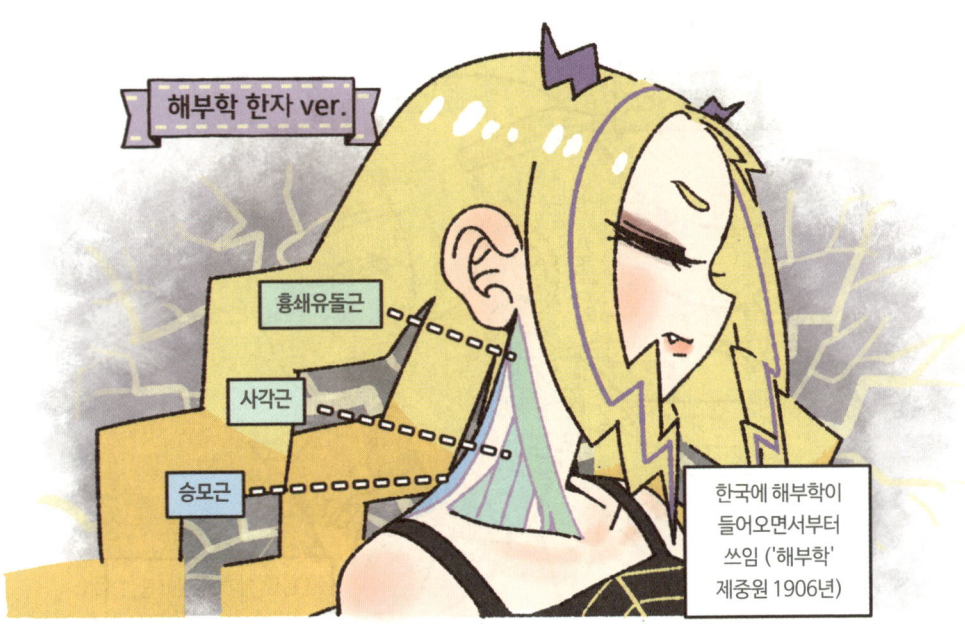

장점

대체로 대중적.

'빗장뼈'보다는 '쇄골'이 더 친숙하죠?

단점

한자에 친숙하지 않은 사람에게 직관적이지 않고 어려움.

검색 시 자료가 많지만 대중적인 만큼 질을 보장하기는 힘듭니다.

가끔 한글과 한자의 끔찍한 혼종이 생기기도..

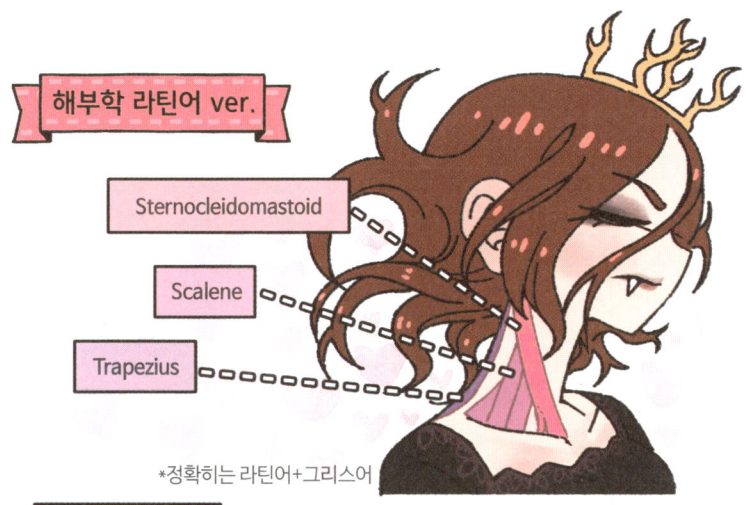

장점 : 라틴어임

 전 세계가 함께 쓰(고 고통받)는 언어인 만큼 질 높은 자료가 많음.

단점 : 라틴어임

그 대신 암기가 전부라 해도 되는 분야인 만큼, 다른 과학 과목과 달리 베이스부터 차근차근 쌓아놓지 않은 상태에서 '맨땅에 헤딩'이 가능하다.

국가번호조차 +82인 '빨리빨리의 민족'에게 적합한 속전속결 학문

또 과학 분야 중 '큰 변동'이 없고 '업데이트의 압박'도 적은 편이다.

그나마 최근의 해부학 빅이슈는 2016년의 '대퇴오두근' 정도.

그렇다고 해도, 뼈 근육 이름 같은 걸 외워서 어따 써먹나 싶은데

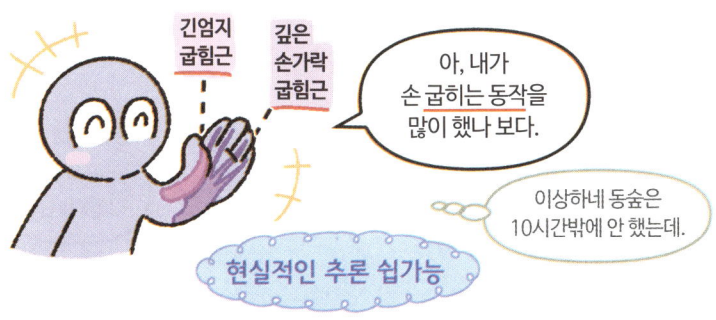

'아는 것' 자체가 주는 심리적인 장점이 생각보다 크다.

이름을 앎으로써 '추상적인 두려움'을 현실 세계의 '현상'으로 바꾸고

확률이 높은 선례를 통해 '그 현상'의 인과관계를
추론하는 것은, 내 몸에 대한 '주도권'을 되찾는 일이라고
할 수 있다.

그렇다고 스캔하듯 머리끝부터 발끝까지 전부 외울 필요는 없다.

무엇보다, 이름을 제대로 알면 접근하는 정보의 질이 달라진다.

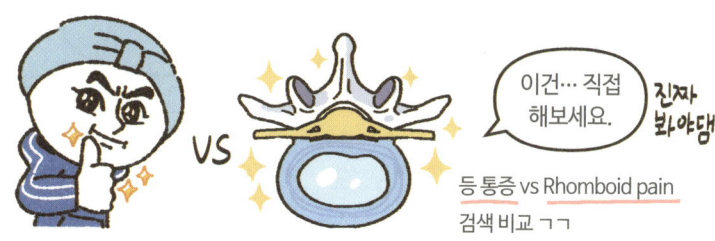

인류는 역사적으로 '이름을 가지는 것'을 중요하게 여겨왔다.

당신의 몸도 당신에게 이름으로 불릴 날을 기다리고 있을지 모른다.

맺음말

"도망친 곳에 낙원은 없다"라는 말을 종종 생각합니다.

어릴 때부터 몸이 이곳저곳 좋지 않아 병원에서 많은 시간을 허비했습니다. 조금이라도 벗어나고 싶은 마음에 이런저런 정보를 찾아봤지만 정작 쓸 만한 정보는 별로 없었지요. 다만 여러 의사 선생님들에게 얻은 정보를 한 조각 한 조각 모으며 어렴풋이 '세계사를 알려면 세계지도를 알아야 하듯, 내 몸을 알고 싶으면 몸의 구조부터 알아야겠다'라는 생각을 했던 것 같습니다.

마치 루프물처럼 뒤쫓아오는 통증에게 붙잡혀 무언가를 포기하고, 다시 쫓기는 것이 반복되던 어느 날, 중고나라에서 하드커버로 된 큰 해부학 책을 하나 구입했습니다. 그리고 해골과 붉은 근육이 가득한 지옥 같은 풍경 안으로 도망쳤습니다.

'자신을 위해 선택한 무언가를 해보는 것'이 유일한 꿈인 사람에게 해부학은 소원을 빠르게 들어주는 흑마술이 되었습니다. 한자로 된 해부학 용어의 뜻을 하나하나 찾고, 라틴어 발음을 받아 적고, 종이 한가득 까맣게 적어 외우고, 혼자 시험을 보고 또 다시 외우기를 반복하며 즐겁게 도망치게 해줬습니다.

그때쯤 꿈꾸게 된 '헛된 이상향'을 운동을 배웠던 선생님께 얘기한 적이 있습니다. 전화로 '혼자 공부해서 해결하고 싶다'고 말하자 선생님께서 '그다지 도움은 되지 않을 것'이라고 하셨지요. 하지만 이미 흑마술에 지배당한 저의 마음은 조금도 흔들리지 않아서, 곧 도서관에 가 간호학과의 책을 빌렸습니다.

해부학이라는 흑마술로 도망치며 시작된 '공부해서 자력구제'라는 이상향은 너무나 흐릿했지만 이상하게도 착각과 실패를 거듭할수록 선명해지고, 그 대신 날카롭던 통증이 흐려져서 어느 순간 도망치던 발걸음을 멈춰 뒤를 돌아봤습니다. 그곳에는 큰 통증 없이 연재를 마친 데뷔작, 전문 서적, 사설 교육 수료증과 국가 자격증, 운동사 자격증, 체대 졸업장이 발자국처럼 이어져 있었습니다. 고개를 들어 주위를 둘러보니 지옥 같던 풍경은 눈부시게 하얀 뼈와 혈색이 있는 세계로 변해 있었습니다. 낙원이었습니다.

지금은 전보다 정보를 구하기가 훨씬 수월해져서 더욱 손쉽게 흑마술을 즐기고 활용할 수 있는 시대가 되었습니다. 언젠가 손상되는 인간의 몸이지만, 이 흑마술을 익히시면 조금은 도움이 될 것입니다. 해부학의 낙원에 어서 오세요.

압둘라

참고문헌

국내서
김용수 외, 《비주얼 아나토미》, 대경북스, 2009.
김찬 외, 《핵심! 인체 해부학》, 은학사, 2017.
송창호, 《인물로 보는 해부학의 역사》, 정석출판, 2015.
정일규, 《휴먼 퍼포먼스와 운동생리학》, 대경북스, 2011.

번역서
Marielle Hoefnagels, 강해묵 옮김, 《생명과학: 개념과 탐구》, 라이프사이언스, 2013.
네이션 렌츠, 노승영 옮김, 《우리 몸 오류 보고서》, 까치, 2018.
노가미 하루오, 장은정 옮김, 《뇌·신경 구조 교과서》, 보누스, 2020.
로이 포터, 여인석 옮김, 《의학: 놀라운 치유의 역사》, 네모북스, 2010.
마쓰무라 다카히로, 장은정 옮김, 《뼈·관절 구조 교과서》, 보누스, 2020.
안드레아스 베살리우스, 엄창섭 옮김, 《사람 몸의 구조: 베살리우스 해부도》, 그림씨, 2018.
요시노부 가와이, 윤호 옮김, 《어원으로 배우는 해부학 영어단어집: 내장 편》, 군자판사, 2009.
요시노부 가와이, 윤호 옮김, 《어원으로 배우는 해부학 영어단어집: 뇌·신경 편》, 군자출판사, 2009.
요시노부 가와이, 조완제 옮김, 《어원으로 배우는 해부학 영어단어집: 골격 편》, 군자출판사, 2008.
요시노부 가와이, 조완제 옮김, 《어원으로 배우는 해부학 영어단어집: 근육 편》, 군자출판사, 2009.
자크 주아나, 서홍관 옮김, 《히포크라테스》, 아침이슬, 2004.
재컬린 더핀, 신좌섭 옮김, 《의학의 역사》, 사이언스북스, 2006.

국외서
Dr. Nikita A. Vizniak, *Muscle Manual: Second Edition*, Prohealthsys, 2018.

도록
국립한글박물관, 〈나는 몸이로소이다〉, 2018.

학술논문
박영환·김학준·김수현, 〈족근골 골절〉, 《대한골절학회지》 2016년 제29권 4호.
이문환·박래준, 〈초음파와 테이핑이 외측상과염 환자의 통증과 악력에 미치는 효과〉, 대구대학교, 2004.
정영철, 〈남자 고교 골프선수들의 신체 부위별 상해 빈도 분석〉, 삼육대학교, 2015.
조성일, 〈베살리우스의 해부극장과 손의 이미지〉, 연세대학교, 2008.
W. Brinjikji, Systematic Literature Review of Imaging Features of Spinal Degeneration in Asymptomatic Populations, *American Journal of Neuroradiology*, Vol. 36, Issue 4, 2015.

기사
딱따구리는 어떻게 뇌손상으로부터 안전할까?, 사물궁이 잡학지식, 2018. 12. 20.
조홍섭, 나무 쪼는 딱따구리, 뇌 손상 입는다?, 〈한겨레〉, 2018. 2. 5.
Andreas Schleicher, How can teachers and school systems respond to the COVID-19 pandemic? Some lessons from TALIS, *The Forum Network*, 2020. 3. 23.
Haniya Rae, A Helmet Inspired By Woodpeckers Could Save Football Players From Concussions, *Popular Science*, 2016. 9. 12.
Nadia Gilani, Protective nature: How woodpeckers could help improve helmet technology to prevent brain injuries, *Mail Online*, 2011. 10. 27.